SCIENCE SOUND & ELECTRICITY

探索声光电磁

［英］北巡游出版公司（North Parade Publishing Ltd.）/ 编著　邹蜜 / 译

重庆出版集团 重庆出版社

发现科学大世界之美

图书在版编目 (CIP) 数据

探索声光电磁 / 英国北巡游出版公司编著；邹蜜译 . — 重庆：重庆出版社，2021.11

书名原文：Science, Sound & Eletricity

ISBN 978-7-229-16170-5

Ⅰ . ①探… Ⅱ . ①英… ②邹… Ⅲ . ①物理学 – 青少年读物 Ⅳ . ① O4-49

中国版本图书馆 CIP 数据核字 (2021) 第 235795 号

探索声光电磁

TANSUO SHENG-GUANG-DIAN-CI

[英] 北巡游出版公司　编著　邹蜜　译

责任编辑：陈渝生　刘红

责任校对：李小君

装帧设计：胡甜甜

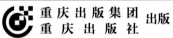

重庆出版集团 出版
重庆出版社

重庆市南岸区南滨路 162 号 1 幢　邮政编码：400061　http://www.cqph.com

重庆三达广告印务装璜有限公司 印刷

重庆出版集团图书发行有限公司 发行

全国新华书店经销

开本：889mm×1194mm　1/16　印张：7.25　字数：130 千
2021 年 12 月第 1 版　2021 年 12 月第 1 次印刷
ISBN 978-7-229-16170-5
定价：49.80 元

如有印装质量问题，请向本集团图书发行有限公司调换：023-61520678

目录

物质

　　物质是具有质量并占据一定空间的物体。在你周围的一切事物都是由物质构成的。所有物质都是由原子组成的，我们可以看到、摸到物质，并与物质发生相互作用。物质可以获取能量，并以不同的形式释放能量。

物质的状态

　　物质充满整个宇宙。分子和原子的物理状态称为物质状态。科学家们正试图了解更多有关物质的知识，并研究物质存在的新状态。

　　在地球上，物质存在以下三种常见状态：

　　1.固体：分子紧密地聚集在一起形成固体物质。固体有比较固定的体积和形状，不能像液体一样随意流动。

　　2.液体：液体状态中的物质分子结合得不太紧密。它有一定的体积，但没有确定的形状。液体的形状往往受到容器的影响。

　　3.气体：气体是物质的一种形式，气体中的每个分子之间有很大的空间。如果用气体来填充容器，它会将容器完全填满。如果气体不受限制，它就会无限地向四周扩散。

▼ 我们周围的一切事物都是由物质组成的，所有的物质都是由原子组成的。

你知道吗？

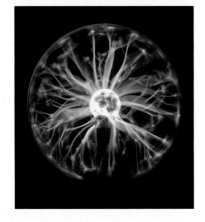

等离子体和玻色−爱因斯坦凝聚态，是在特殊条件下存在的另外两种物质状态。

固体是由原子紧密地聚集在一起，形成一定形状的物质状态。

物质可以改变状态

你知道吗？物质可以从一种状态变为另一种状态，而其物理性质保持不变。物质的这种变化称为物态变化。

让我们看看关于物质的不同状态——水可以教会我们什么。一杯水是液态的。把水倒进盘中，放在冰箱里冷冻一会儿再拿出来，此时你会看到水变成了坚硬的冰块！冰块状态下的水，就是固态。如果我们反过来操作，把水加热，它就会变成水蒸气，那么这时候的水是气态的！

固体、液体和气体在适当的条件下，可以转化成另外一种状态。加热可以让固体融化成液体，冷冻可以把液体变成固体。沸腾使液体变成气体，而冷凝（一种冷却方式）可以将气体变成液体。

▶ 当一颗恒星爆炸时，为一颗新恒星和行星的形成创造了环境。

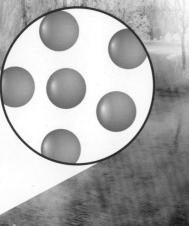

气体中的原子距离很远，不会相互吸引，因此气体会扩散。

恒星和物质

恒星是由许多物质组成的。当一颗恒星生命结束时，它会爆炸，释放出尘埃云。在数十亿年的时间里，这些尘埃聚集在一起形成新的恒星和行星。我们的行星和地球，也是经由类似的过程形成的。

液体中的原子松散地相互吸引，因此液体没有确定的形状。

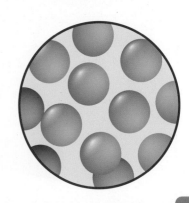

原子和分子

原子是宇宙中所有物质的基本组成部分。其英文名称是"ATOM"，这个名字来源于希腊语"ATOMOS"，意思是"不可分割的"。以前，人们认为原子是最基本的粒子，不可能有更小的粒子，但现在我们知道每个原子都有一个原子核和电子。原子与其他原子结合形成分子。

原子核由质子（红色）和中子（蓝色）组成。

电子的外层

电子的内层

窥探原子的内部

原子的中心有一个由质子和中子组成的原子核。质子带正电荷，而中子不带电荷。围绕着这个原子核，像一团云的，是带负电荷的电子。正电荷和负电荷相互吸引，电子不会飞走！

为了更好地观察原子的结构，我们可以把原子核想象成太阳，把围绕着原子核的电子想象成太阳的行星。

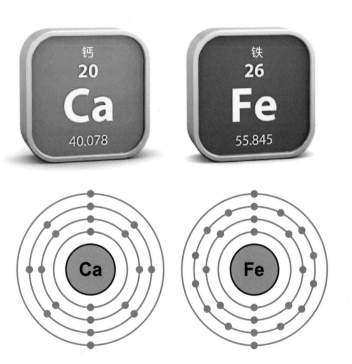

原子序数和质量

原子序数是一个原子核内质子的数量。原子序数也被用来对化学元素进行区别。例如，钙元素的原子序数为20，而铁元素的原子序数为26，两者有很大的不同。原子质量是原子核中质子的质量加中子的质量。

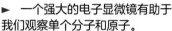

原子的大小

一个原子非常小，你甚至很难想象它有多小。一根头发丝已经很细了，是不是？而原子的平均尺寸，只有头发丝的百万分之一。

科学家使用非常先进、强大和复杂的显微镜来观察原子。这种显微镜用电子流代替光线。这些电子流能够捕捉到非常微小的细节，可将物体放大一百万倍，让我们能够进行仔细观察。

► 一个强大的电子显微镜有助于我们观察单个分子和原子。

百科档案

在夸克和轻子被发现之前，电子、质子和中子被认为是最基本的粒子。

原子形成元素

由原子构成最基本的物质，称为元素。元素是由相同种类的原子组成，而元素是各种物质的基础组成部分。

例如一块纯金条只由金原子组成。普通的化学处理，不能将这根金条（或任何其他元素）转化为更简单的物质形式。

▲ 一根金条由金元素组成，不含其他元素。

▲ 质子和中子集中在原子的中间，称为原子核。

分子

原子通常不能单独存在，两个或两个以上的原子结合在一起，形成分子。

你知道原子是怎么结合的吗？两个或两个以上的原子，通过共享最外层的绕核电子，然后结合在一起。两个具有不同性质的原子结合在一起，形成一个截然不同的分子。例如，一种轻金属钠和一种绿色的有毒气体氯的原子结合在一起后，就形成了盐，这是我们每天都会接触的物质。

分子有不同的大小。一个氧分子只有两个原子，而像塑料或木头这样的物质，它们的分子则是由数百万个原子结合而成的。

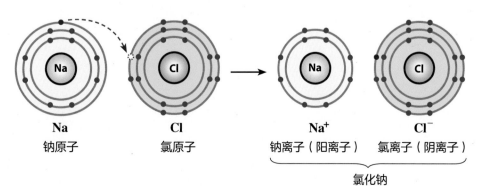

Na	Cl		Na⁺	Cl⁻
Na	**Cl**		**Na⁺**	**Cl⁻**
钠原子	氯原子		钠离子（阳离子）	氯离子（阴离子）

氯化钠

固体和液体

　　组成固体的原子和分子，保持着固定的位置。它们不会四处移动，既不会相互靠近也不会远离。固体具有固定的结构，除非对其施加很大的力量，否则很难改变其结构。有些固体比较软，具有弹性，比较容易分开。与固体不同的是，液体中的原子和分子可以自由移动，因此液体能改变形状。

固体

　　固体中的原子，以特定的、严密的模式，紧密排列在一起。你要用力才能将固体分开。环顾四周，你会发现身边有许多固体，从建造你家房子的砖块和木头，到由重型坚固材料制造的车辆和机器等。

　　固体有不同的类型。有的是硬的，有的是光滑的，有的是晶体。你有没有想过，为什么一种固体比另一种固体要重？其实，固体的质量取决于其原子的结构。例如，如果一种固体是由紧密排列的重原子组成的，这种重原子本身质量更大，很难分解，那么这种固体就更重，也很难被分解。

　　固体有许多种纹理、形状、颜色和特性。让我们看看下面几种固体：

晶体	纤维	弹性纤维
晶体有尖角和直边。石英和钻石都属于晶体。	纤维是细长且柔韧的线，当编织在一起时，可以形成结实的织物。麻就是一种纤维。	弹性纤维在被施力以后可以拉伸，放松后可以恢复原始状态，例如橡胶。

石墨烯气凝胶是迄今为止人类所能制备的最轻的固体。它是由碳原子组成的，碳原子之间有很多空间。它的密度只有空气的七分之一。

▲ 不同的液体有不同的黏度，蜂蜜比牛奶黏度更大，因此流动性更低。

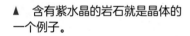

▲ 含有紫水晶的岩石就是晶体的一个例子。

液体

液体分子之间的距离是不能轻易改变的。液体既可以是由相同的分子组成的单纯液体，也可以是不同物质的混合物。有时候，我们很难通过肉眼判断一种液体是不是一种混合物。例如，牛奶是由水分子、脂肪、蛋白质和乳糖（奶糖）混合而成的乳液。

液体的黏性也不同。较为黏稠的"黏性"液体，其流动速度比水性液体慢。例如，与蜂蜜或焦油相比，水的黏性较小，蜂蜜和焦油的黏稠度较高。

你知道吗？

当说到金属时，我们通常认为它是固体。然而，金属汞在室温下是液态的！水银是一种闪亮的金属液体，下落时会形成厚厚的水滴状。

轻型固体	重型固体
有些固体，如聚苯乙烯泡沫塑料，是由98%的空气和碳氢原子重组单元（两种轻原子）组合构成。	岩石和石头，如玄武岩和花岗岩，是由紧密排列的重原子构成的，所以它们很重。

气体类型

我们呼吸的空气是多种气体的混合物。我们被各种气体包围，但我们看不见它们。这是因为，气体就像液体一样，没有固定的形状。如果是在一个容器内，气体会延展原子和分子的距离来填满空间。如果是在容器外，分子会继续漂移，气体就继续膨胀。

气体

气体有许多不同类型。纯气体是由单一一种原子组成的，比如氖气。元素气体是像氧、氮和氢这样的气体，它们由相同元素的原子组成，在标准温度和压力下保持稳定。

由不同的原子结合在一起组成的分子气体，是复合气体，例如二氧化碳。惰性气体包括氦、氖、氩、氪、氙、氡和氧，这些气体非常稳定，很少与其他元素发生反应。

气体中的原子和原子、分子和分子之间没有强烈的联系。它们可以自由移动，相互之间以及与容器内壁之间常常发生碰撞。

▶ 深海潜水员需要携带氧气瓶，以便在水下能够呼吸。

百科档案

一氧化二氮，又称笑气（N_2O），但它不会引发笑声。实际上，它有轻微麻醉作用。当作用于人的大脑时，能在短暂时间内让人感觉放松。牙医和医生常使用N_2O来缓解病人的疼痛。

空气

我们需要空气才能生存。空气存在于地球大气层中，它是覆盖地球表面的气体混合物。植物、动物和许多其他有机体，都需要依靠空气生存。

除了氮气和氧气，空气中还含有其他少量气体，例如水蒸气、二氧化碳、氢气、臭氧和甲烷等。我们呼吸空气，依靠其中的氧气生存。与我们不同的是，植物需要氮和二氧化碳才能生存。

空气还起到了很独特的保护层作用。它能保护地球不会变得太热或太冷。来自太空的流星体在撞击地球之前，会在空气中燃烧，从而降低了破坏性。臭氧是一种可以阻挡来自太阳的有害射线的气体。

▲ 我们通过肺部吸入氧气，呼出二氧化碳。

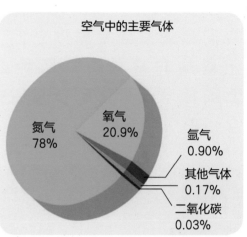

空气中的主要气体

氮气 78%

氧气 20.9%

氩气 0.90%

其他气体 0.17%

二氧化碳 0.03%

温室气体

温室气体让阳光进入大气，同时吸收了来自太阳的热量，从而提高了大气中的温度。如果没有这些温室气体，所有来自太阳的热量都会逃逸到太空中，地球会变得太冷，生命将无法生存。有的温室气体是自然产生的，而有的则是来自车辆排放和其他人类活动。二氧化碳、水蒸气和甲烷都是大气中自然产生的温室气体。

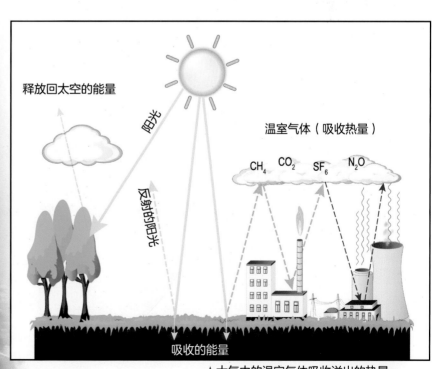

释放回太空的能量

阳光

反射的阳光

温室气体（吸收热量）

CH_4 CO_2 SF_6 N_2O

吸收的能量

▲ 大气中的温室气体吸收溢出的热量。

元素周期表

元素是指最纯净的化学物质，即构成元素的所有原子都是相同的。到目前为止，我们发现的元素超过了100种。有的元素无处不在，我们每天都会接触到它们，而有的元素却非常稀有！两种或两种以上的化学元素，通过强键或弱键结合，形成化合物。

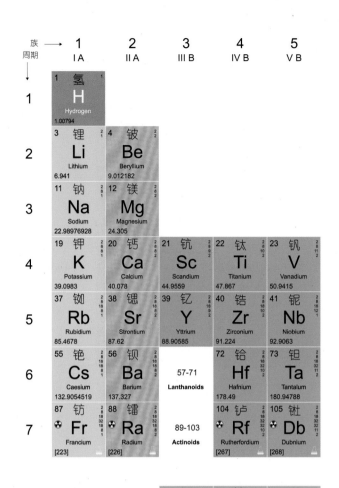

贫金属	过渡金属	镧系
Post-transition metals	Transition metals	Lanthanide

◄ 门捷列夫提出了根据元素的性质对其进行分类的想法。

元素周期表

元素周期表是由俄罗斯化学家德米特里·门捷列夫发明的。1869年，他提出了将所有元素排列在一张表中的想法，并将当时已知的63种元素依相对原子质量大小并以表的形式排列。利用元素周期表，门捷列夫成功地预测了当时尚未发现的元素的特性。

元素周期表向我们展示了什么？

这张表列出了我们知道的所有118个元素。在元素周期表中，元素的行称为周期，列称为族，共有7个周期和18个族。

这个表格能够有效提供各种元素的重要数据，例如：

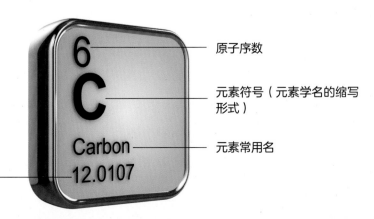

原子序数

元素符号（元素学名的缩写形式）

元素常用名

原子质量（也称质量数）

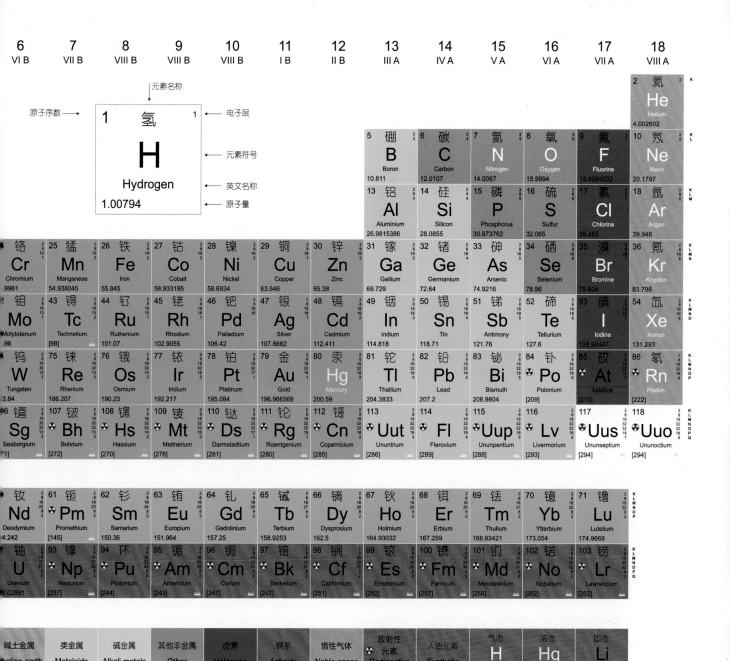

元素周期表的用途

通过周期表列出所有元素，有助于：

1）预测不同元素的性质；

2）研究元素之间的关系；

3）跟踪并添加新发现或合成的元素；

4）研究元素相互作用时的化学行为。

百科档案

在元素周期表中，碳被认为是最独特的元素，因为它能形成多达1000万种不同的化合物。

溶液和溶剂，酸性和碱性

有些液体，例如水，具有溶解固体的能力。加一勺盐到水里，就跟变魔术似的，盐好像消失了！然而，事实上，这是因为盐分子被水分子拉向了不同的方向。我们称这个过程为溶解。被溶解的固体是溶质，水是溶剂。

溶液可以被稀释或浓缩，这取决于溶解在溶剂中的溶质颗粒的数量。

什么是饱和？

在一定温度下，向一定量溶剂加入某种溶质，直到溶剂分子之间没有更多的空间，溶质不再溶解，而是保持为固体，这时的溶液被称为饱和溶液。它已经包含了最大数量的溶质。加热可能有助于溶解更多的溶质，但当溶剂再次冷却时，溶质颗粒无法保持溶解状态，将形成晶体。

▲ 抗酸剂溶于水，常被用来对抗酸性。

◀ 去污剂是一种溶剂，用于溶解表面的顽固污渍。

橙汁的pH值为3~5

我们使用的溶剂

很显然，水是地球上最常用的溶剂！我们使用得较多的其他溶剂，还包括能分解和溶解污垢和细菌的洗手液、能溶解指甲油颜色的指甲油去除剂、含有不同溶剂的去污剂以及能去除油漆污渍和油脂的酒精。

| 0 | 1 | 2 | 3 | |

酸性

蓄电池酸液pH值为1~2

食醋pH值为2~3

▲ 溶剂对于清理海上泄漏的石油是必不可少的。

溶剂能拯救世界！

你试过往水中滴油吗？你可能会注意到，油跟水不能混合，油也不溶解于水。海上发生的石油泄漏，就是这种现象。这是一个严重的环境问题，因为泄漏的石油会造成大面积环境污染，并会导致海洋及周围的多种野生动物死亡。

用化学物质作为溶剂，可以帮助把油分离成更小的、更易处理的小油滴状态，这些小油滴更容易散开并漂走。这样，石油就不会对环境造成太大损害。

酸性和碱性

几乎所有的液体不是酸性就是碱性。科学家根据酸和碱的性质对液体进行分类。酸性通常是酸的，而碱性通常是苦的。强酸和强碱是非常危险的，但在相对较弱的物质形式下是安全的，其特性甚至会被抵消！醋是一种可食用的酸，而小苏打是我们在烘焙中常常使用的一种碱。抗酸剂也是一种碱，食用抗酸剂中和胃酸，可以有效治疗消化不良。

如何判断酸、碱的弱度呢？我们可以使用pH值进行区分。pH值从1到14。酸的pH值低于7，最强的酸从1开始。碱的pH值高于7，最强碱的pH值接近14。中性溶液的pH值为7。

百科档案

水是中性的，它的pH值非常接近7。

番茄汁的pH值为5~6左右

水的pH值接近7

抗酸片的pH值为10左右

肥皂水的pH值为12

| 5 | 6 | 7 | 8 | 9 | 10 | 11 | 12 | 13 | 14 |

中性　　　　　　　　　　　　　　　　碱性

牛奶的pH值为6.5~6.8

牙膏的pH值为8~9

下水道清洁剂的pH值为13~14

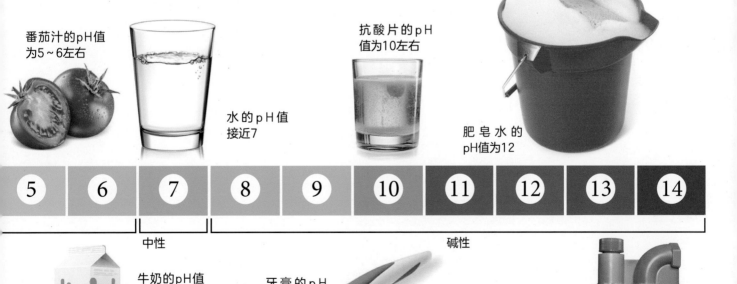

有机化学

对碳化合物的研究叫作有机化学。碳元素与氢、氮、氧等其他元素结合，可以形成不同的化合物。这些有机化合物不仅构成了地球上所有生物，同时也是我们日常生活中许多重要物质的基础，例如塑料、药物和石油。

碳循环

生物体的生存需要碳。虽然大约有20%的生物体是由碳组成的，但地球上的碳含量是有限的。那么生命体是如何延续的呢？

答案是通过碳循环！

在碳循环过程中，碳被不断地循环利用。死去的动植物经过自然腐烂，释放二氧化碳（CO_2）。植物的生长需要二氧化碳和阳光。这些植物，同时也是动物的食物。动物通过这些植物生命体获取能量并不断生长。它们呼出的二氧化碳再次被动植物所利用。这是一个连续循环的过程。通过这种方式，碳被不断利用。

海洋中也有碳循环。事实上，碳循环起到了很大作用。因为海洋的碳含量是大气的50倍。大气中的二氧化碳溶于海水中，被海洋植物吸收，并转化为有机物。而海洋中其他生物以海洋植物为食，形成碳循环，其方式与陆地上的方式大致相同。死亡后的海洋生物沉入海底，随着时间的推移，这些生物体中的碳沉积形成岩石沉积物。

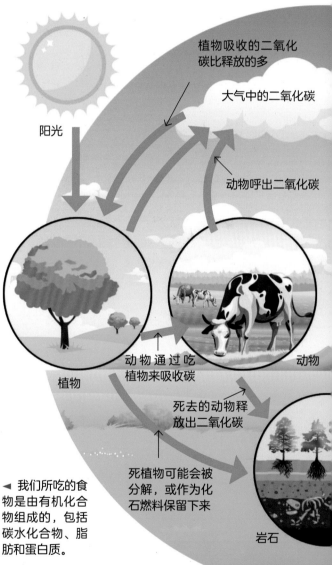

植物吸收的二氧化碳比释放的多

大气中的二氧化碳

阳光

动物呼出二氧化碳

动物通过吃植物来吸收碳

植物

动物

死去的动物释放出二氧化碳

死植物可能会被分解，或作为化石燃料保留下来

岩石

◀ 我们所吃的食物是由有机化合物组成的，包括碳水化合物、脂肪和蛋白质。

生命的基本组成部分

人体生长发育所需要的一切食物成分，例如碳水化合物、脂肪、蛋白质和维生素，都是有机化合物。在人体内，激素和抗体等有机化合物在帮助我们的身体健康生长时发挥了重要作用。

聚合物

　　碳原子能与氢、氧、氮等其他原子结合，最多可达四个化学键。以这种方式结合的分子，可以互相连接成一条很长的分子链。这些大分子组成的物质被称为聚合物，也叫高分子化合物。纤维素是植物的主要成分，是一种天然聚合物。塑料是由有机分子组成的人造聚合物，例如聚乙烯和聚苯乙烯，它们都是由碳和氢的重复单元构成的。

▲ 塑料制品被大量生产，以满足我们的日常需求。

◀ 碳循环是一个连续的过程，使碳在地球上被循环利用。

海洋能吸收二氧化碳，但海洋生物也呼出少量二氧化碳

化石燃料燃烧时释放出二氧化碳

海洋　　　　　工厂

人类挖掘化石燃料并将其燃烧以获取能源

古代动植物遗留下来的碳形成了化石燃料

▲ 萘是一种白色结晶有机化合物，具有独特的气味。

有机化合物

　　我们目前已经知道的有机化合物大约有1000万种，可能还有很多至今尚未被发现！你无法想象有机化合物的多样性和功能性有多丰富！由有机化合物构成的复杂混合物拥有各种味道或是气味，有的令人神清气爽，有些则令人不太舒服。例如，大蒜和臭鼬散发出来的气味中，都含有有机化合物。有机化合物的结构和性质也各不相同。

▶ 煤是一种化石燃料，是古代植物在腐败分解之前被埋在地底，经过很长一段时期而形成的。

百科档案

　　地球上的有机化合物比无机化合物要多10倍。

化石燃料

　　数百万年前死去的动植物被埋在地下，转化成煤、石油和天然气等富含能量的燃料。这些燃料都是有机化合物。化石燃料主要用于发电和为车辆提供动力。

材料

　　材料是我们用来建造和制造的物质。材料有很多种，包括从各种软织物到硬金属。每种材料因其性质和特性不同而有不同用途。科学家和工程师也会根据不同用途认真地选择材料。

早期材料

　　几千年前，我们的祖先无法获得我们如今所拥有的种类丰富的材料。他们能获取的材料主要有木头、石头、兽皮，以及动物的骨头、牙齿和角等。有些材料，如皮和木头，比较柔软，容易成型，而制造武器或工具时，石头才是更好的选择。最早的工具是由玄武岩、砂岩、燧石以及不同类型的木材制作而成的。

◀ 在古代，木头和石头常常被用来制造工具和武器。

不同材料

　　不同的材料有不同的性能。让我们看下面这几种：

钻石	花岗石
非常坚硬	高密度
金刚石刀具可用于切割其他硬质材料。	可用于建筑和施工。

泥土
柔软可拉伸
可制作花盆和装饰花瓶。

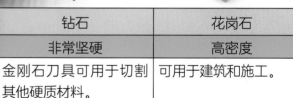

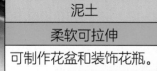

泡沫	铜	橡胶
很轻	很好的导电体	导电不良
用于包装和运输。	用于制造电缆和电机。	可作防护手套和电线的外绝缘体。

▲ 尼龙纤维因其多用途和高强度而被广泛使用。

合成纤维

　　合成纤维是由合成的高分子化合物制成的。这类纤维轻盈柔韧，有的还能防水！尼龙、人造丝、丙烯酸和聚酯都是合成纤维。

百科档案

你知道吗？全世界的衣服几乎有一半是由合成纤维制成的。

塑料

　　最早的合成塑料生产于1907年。从那以后，各种类型的塑料被大量生产和普遍使用。塑料被广泛使用于生活中，从简单的餐具到工业级管道等。"塑料"这个名字来源于希腊语plastikos，意思是"能够成型"。经过加热，塑料可以塑造成任何形状！

陶瓷

　　陶瓷是由一种特殊的黏土制成的，这种黏土在高温下烘烤时会变硬。陶瓷因为是电的不良导体，所以常被用于制作电缆和火花塞的保护层。陶瓷很容易破碎，因此需要小心使用。

复合材料

　　复合材料是将不同的物质结合在一起，以获得各种成分的最佳特性，例如混凝土和玻璃纤维。防弹衣是由一种叫作"凯芙拉"合成纤维的复合材料制成的。

▶ "凯芙拉"合成纤维用于制造防弹背心。

▲ 玻璃瓶和花瓶是通过吹制热的、黏稠的玻璃液体，然后冷却而成型的。

玻璃

　　玻璃已经存在几千年了，而且在很长一段时间里，它是唯一可用的透明材料。玻璃是通过高温加热几种不同的矿物，形成一种黏稠的液体，然后吹制、冷却成型。玻璃可用于制造窗户、瓶子和装饰物等。

地球资源

所有的材料，无论是用于建筑还是作为燃料，都来自地球本身。有些是自然资源，如木材、石头和金属。而有些是通过加工自然资源如石油或矿物等产生的，例如塑料和汽油。

水

水是生活必需品，用于饮用和烹饪。它也是种植庄稼和饲养牲畜所必需的。尽管水占了地球上所有物质的71%，但其中只有很小一部分是淡水。虽然可以将海水转化为淡水，但这需要消耗大量的能源。

土地

并不是所有的土地都适合居住或种植粮食。农民需要肥沃的土地种植农作物，还需要土地来居住和饲养牲畜。因此人类必须保护肥沃的土壤，尽力避免土地被污染和过度耕作，这样才能长久充分地利用土地。

▲ 地球上大部分的淡水都以大型冰川的形式存在。

◀ 梯田耕作是常见的耕作技术之一。

化石燃料

我们通过钻探机和挖矿井等方式，从地下开采煤炭、天然气和石油。这些化石燃料为工业、家庭和车辆提供能源。化石燃料是有限的资源。以目前人类开采和使用化石燃料的速度，我们还能持续开采80～120年。

百科档案

地球上的淡水占水资源总量的3%，其中的2%以冰川和冰盖的形式存在。仅剩1%的淡水，我们可从湖泊、池塘和河流等获取使用。

▲ 海洋钻探是利用机械钻孔，深入海底寻找石油。

能源

我们生活在地球上，需要消耗很多能源。当今我们使用得最多的能源是化石燃料。但是，化石燃料燃烧时，会产生烟雾，并向空气中释放有害的化学物质。未来，我们要致力于通过无污染和更具经济效益的方式，生产清洁高效的能源。风能和太阳能是清洁的可再生能源。

▲ 木材的用途非常广泛。

木材

世界上的许多地方都有森林覆盖。森林里种植的树木用于制造纸张、家具、建筑材料和燃料。在可持续发展的森林中，新的树木很快被种上，以替补被砍掉的树木。

▲ 风车和太阳能板分别用来收集风能和太阳能。

什么是力?

力就像无形的作用。力可以是推也可以是拉。我们可能看不到某种力在起作用，但我们绝对能看到它作用的结果。力可以达到不同的效果——它可以改变物体的形状或者把物体固定在一起。

推力和拉力

当两个物体相互作用或接触时，就会产生力。这种力叫作接触力。想象一下，用一根斯诺克球杆在桌上击球的情形——球受到接触力作用而移动。

物体相互作用的力，可能与物体之间没有接触，甚至有一段距离，这种力被称为场力，例如重力和磁力。一个苹果从树上掉下，落到地面；一颗钉子在没有接触到磁铁的情况下，也会被吸过去，这是由于磁场的作用。

► 足球之所以滚动，是球员对球发出踢的力量。

让我们看看几种不同类型的力：

核力	电磁力	重力
原子是由原子核及若干围绕原子核旋转的电子组成的。原子核与周围的电子之间的强大引力称为核力。在核反应堆中，重原子被分裂而释放出巨大的能量。	电磁力是带电粒子在磁场和电场作用下产生的。电动门铃和扬声器是基于电磁力工作的。	重力是施加在地球表面所有物体的力，也是我们能够停留在地球表面而不会飘进太空的原因。然而，在太空中，有些物体所产生的重力大到不可想象，例如黑洞。一切靠近黑洞的物质都会遭到破坏。

▲ 悬索桥需要做到重力和向上牵引力之间的精细平衡。

平衡作用

有时，力与力之间会发生相互作用，最终达到平衡。这对我们很有用。你知道是怎么回事吗？

让我们看看悬索桥是怎么立起来的。我们都知道重力作用将物体吸引到地面上。那么，一座巨大的桥如何能不倒下呢？答案就是桥上有钢索。桥上的钢索所施加的向上牵引力与地球的引力达到了平衡。

有时，两种力共同作用，可以达到增强效果。例如，当两个人共同用力推重物，叠加的力量使得完成任务更容易。

牛顿运动定律

第一定律：

任何物体总保持静止或匀速直线运动，直到有外力作用使它改变状态。

第二定律：

物体受到外力作用会产生加速度，加速度的大小取决于外力的大小。

第三定律：

任何作用在物体上的力，都有一个大小相等、方向相反的反作用力。你可以说力是相对作用的。

摩擦力

当你在地板上行走，你不会滑倒，这是因为地板和你的脚底之间有摩擦力。摩擦力是当两个表面相互接触时，一个表面对另一个表面在相对运动中所产生的阻力。发生接触的两个表面，它们各自的原子会发生相互吸引和阻碍。因此，两个表面会挤压在一起，使相对运动的速度稍微减慢。

空气似乎很轻薄，因为看不见。但当你在快速骑车或跑步时，你便能感觉到空气对你的反作用力，使你减慢速度，这就是阻力。阻力也是一种摩擦力。你的速度越快，就需要克服更大的阻力。

► 当自行车运动时，空气以相反方向作用于骑车的人。

能量

　　世间万物皆是能量。就像物质一样，能量既不能被创造，也不能被毁灭。能量只能从一种形式转化为另一种形式。每一天，在世界的各个角落，无数能量都在被利用。一直以来，我们利用能量来处理许多事情，例如为我们的交通提供燃料，为我们的家庭提供能源。

　　我们目前使用的能源大约80%～90%来自化石燃料。当它们燃烧时，储存在其内部的能量被释放，以满足各种不同的用途。

▶在健身房里，人们消耗能量，以强健肌肉。

百科档案

　　太阳光照射一小时的能量，足以为整个世界提供一年的能源。

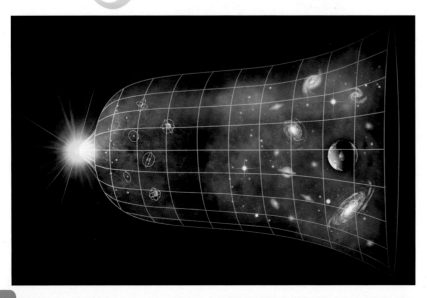

一切自大爆炸开始！

　　宇宙，大约始于140亿年前，在一次被称为"创世大爆炸"的巨大膨胀后产生。宇宙最初的样子，全部都是能量的形式，后来能量开始逐渐转化为物质。

　　宇宙中充满了各种各样的能量。所有事物，甚至像石头或书这样的东西，都储存着能量。事实上，我们周围的每一个物体，不是在储存能量就是在消耗能量。

能量的形式

1.势能：储存于物质内的所有能量称为势能。例如，当你将一个球推上山坡，你消耗了能量，而球获得了势能。当你放手以后，球会消耗掉它所获得的势能，重新滚回到山脚。

◀ 当箭搭在弦上时，它就储存了势能。

▶ 当箭从弦上射出后，它的势能转化为了动能。

2.动能：运动中的物体具有动能。电的产生是动能的一个例子。电是导体（如铜线）内部的电子运动所带来的现象。当我们提到电流时，它们的运动很不平稳。获得负电荷的原子拥有多余的电子，获得正电荷的原子丢失了相应的电子。于是，这些原子要么释放多余的电子，要么俘获新的电子，这样才能达到中性。可以想象，原子通过不断地交换电子，产生了电子的流动，这就是电流。

3.核能：通过核反应从原子核释放的能量称为核能。核电站利用原子核裂变反应释放出能量，转化为电能。

4.化学能：在化学反应中释放的能量称为化学能。

5.声能：振动分子通过向我们的耳朵发送能量波来产生声音。

6.热能：物质中的原子不断振动。如果遇热，它们会运动得更加剧烈。当物质的温度越高，它获得的热能就越多。当一个物体比另一个物体的温度更高时，热量将从较热的物转移到温度较低的物体。以一杯茶为例，如果你把一杯滚烫的茶放进一盆冷水里，茶会变凉，因为茶杯中的热量转移到了冷水里。

▲ 波浪的力量是巨大的，波浪中的能量可以被利用。

7.波浪能：在海洋中，由于海风对水面产生作用，形成了波浪。你知道吗？海浪在到达陆地之前可以传播几千公里。我们可以通过在海洋中放置装有发电机的漂浮圆筒，来收集波浪的能量。

▲ 声音是由分子振动产生的。

光的颜色、反射和折射

　　光是能量的一种形式。我们能看见东西，就是因为有光的存在。光具有波粒二象性，它既可以以波的形式存在，也可以以粒子的形式存在。光是由被称为"光子"的粒子组成的，这些粒子是微小的能量束。太阳是主要的光源。光具有反射和折射等物理性质。

▶ 台灯把电能转换成光能，因此我们才能在黑暗中看东西和阅读。

我们是如何看见东西的

　　所有物质都能发射出光线。我们能够看到周围的一切事物，是因为物体所发出的光线通过我们的瞳孔进入眼睛。光线通过我们的眼睛的角膜和晶状体（类似于镜头），在视网膜聚焦。聚焦后的光线被转化为电波信号，并被传送到大脑。大脑将电波转换图像，显示出我们所看到的物体的颜色、亮度、形状、纹理和其他特征。光线可以穿过某些物体。基于这一特性，我们可以将物体分为以下三类：

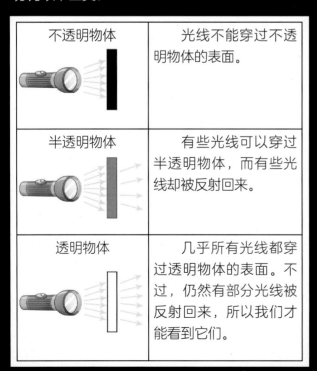

不透明物体	光线不能穿过不透明物体的表面。
半透明物体	有些光线可以穿过半透明物体，而有些光线却被反射回来。
透明物体	几乎所有光线都穿过透明物体的表面。不过，仍然有部分光线被反射回来，所以我们才能看到它们。

光的颜色

　　光实际上是由许多不同颜色的光波所组成的混合物。我们知道这一点，是因为当一束光透过棱镜（一个三棱锥玻璃物体）时，光会被分解成彩虹般的七种颜色的光。虽然我们说有七种颜色，但实际上其中有无数种颜色的光，只是我们看不见！

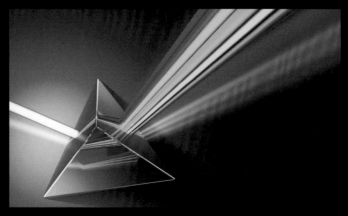

▲ 一束白光透过棱镜，被分解成不同颜色的光。

阴影

当光照射到不透明的物体上，光线无法通过，它们会在背景上形成一个与物体的形状和大小相对应的阴影。深色的阴影内部称为本影，稍浅的外缘称为半影。下次你仔细看看自己的影子，试试能不能分辨出这两个区域！

日食是由大型天体月亮和太阳共同形成的。日食发生时，月亮运动到太阳正前方，挡住太阳射向地球的光并形成阴影。

▲ 由太阳照射而形成的影子可长可短，这取决于一天中的不同时间。

反射和折射

当光线照射到一个物体表面，然后沿原路折返，这种现象被称为反射。大多数物体表面能吸收光，但镜子能反射所有照射到其表面的光线。正是因为这种反射特性，你才可以在镜子里看到自己的镜像。

镜子是由玻璃制成的有着平坦表面的物体，其中一面涂上银等闪亮的金属。由于玻璃表面非常光滑，照射到它表面的光线不会从表面向四处任意散射，而是在某一点上朝一个方向共同反射。这个过程称为聚焦。

其他光滑的表面，如静止水面或抛光地板也具有反射特性。

哈哈镜是由凸面（向外凸出）或凹面（向内凹陷）的镜子构成的，它们的成像会产生各种有趣的扭曲现象。平面镜从光源接收到光线然后直接反射，而凸面镜和凹面镜则改变了光线反射到眼睛的路线。

折射是光线从一种介质到另一种介质（例如从空气到水）时传播方向发生改变的现象。

▶ 把铅笔放进一杯水里，你会观察到它看起来像是折断的。这是一种折射现象。

◀ 因为镜子可以反射光线，所以我们可以看到镜子中的自己。

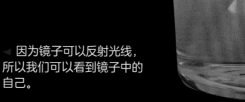

激光器、显微镜和望远镜

　　激光器、显微镜和望远镜都是光学仪器。"光学"是指与光有关的科学。所有这些仪器需要使用某种形式的光。在激光器中，光粒子在特殊的装置内被放大。在显微镜和望远镜下，光被聚焦在透镜上，以放大原本不可能看到的物体。

激光技术

　　激光器是一种能产生强大光束的仪器。"激光"一词表示"受激辐射光放大"。这个定义也解释了激光的工作原理：
　　激光器由一个两端带有镜子的特殊设计的管子组成。这种管子里充满了气体、晶体或液体等物质。用射线照射器（或类似的装置）给这些物质增加能量。原子内部的电子吸收能量之后，达到更高水平的能级。最终，当它们回到原来的能级水平时，电子会发射出"光子"，即光的粒子。所有被释放的光子都具有相同的波长，从而形成一道强大的、集中的光束。
　　激光有许多用途，最常用于彩色光显示器、全息图和CD/DVD播放机。

▶　从娱乐到手术，激光被广泛运用于很多领域。

▲彩色激光器里面包含了许多强大的激光束。

放大世界的显微镜

显微镜的工作原理和放大镜一样，但它们可以把物体放更大。这是因为光学显微镜通常有两个透镜，这种组合具有更大的放大效果。

安东尼·列文虎克是最早使用不同类型的镜片进行实验的人之一，他用各种放大装置来观察微生物。从那时起，先进的显微镜得到了发展。光学显微镜的工作原理很简单：将被观察的物体放在载玻片上，然后将载玻片安装在显微镜上。显微镜中的镜子将自然光或内置灯的光线聚焦到载玻片上。光线先通过载玻片，然后通过放大镜，再进入观察者的视野。借助显微镜，我们可以看到微小的细胞、极微小的微生物和许多肉眼看不见的东西。

▲ 显微镜将光线聚焦在微小的物体上，将它们放大并显示其微小的细节。

观察太空的望远镜

光学望远镜的工作方式与显微镜非常相似。我们的眼睛有局限性，而望远镜可以延伸我们的视线。双筒望远镜是并排安装的一对相同的望远镜。在早期，它们被称为双目望远镜。一副好的双筒望远镜可以显示出许多细节，对观鸟等活动非常有用。

望远镜使用透镜来捕捉来自遥远的行星、星系、恒星以及其他的天体光线。

在美国亚利桑那州，有地球上口径最大和放大倍率最强的光学望远镜。

► 望远镜用来观察肉眼不易看到的卫星和行星。

▲ 这台大型双目望远镜位于格雷厄姆山的山顶，海拔3200多米。

百科档案

医生在手术中用激光代替手术刀进行精确的切割。使用激光的优点是更精准，切口可以不用缝针缝合。

电流和磁场

　　电是带负电荷的粒子运动所产生的现象，带负电荷的粒子就是围绕原子核旋转的电子。电不仅为我们日常使用的许多东西提供动力，也为许多大型工厂和火车提供动力。从小小的灯泡到惊险刺激的过山车，都需要依靠电力来运转！

电是如何产生的？

　　电有两种——静电和电流。当电子聚集在一起时便产生了静电，而电流则是电子运动的结果。

　　将气球在毛衣上摩擦，带电粒子移动并聚集到毛衣上，气球失去电子，带正电荷。当你将气球靠近你的头发，头发上的电子会移动到气球上。失去电子后，头发会获得一些轻微的正电荷，并粘在气球上几秒钟。

　　当今的发电厂，可以为小到家用电器，大到大型工厂等提供能源。电流实际上是由数百万个原子不断交换电子而产生的。

▲电力线将电力从发电源输送到各个住宅和工厂。

电路

　　电路是一条完整的电流回路，通过它，电流从电源流向被供电的物体。并不是所有的材料都能用来制作电路。有些材料是电的良导体，而有些是不良导体。

▶　电路是一条完整的、封闭的电流运动回路。

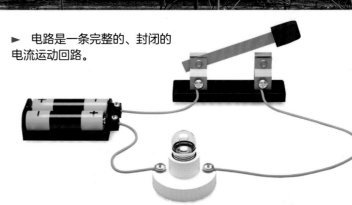

导体与绝缘体

你知道为什么电线要用铜吗？因为铜是一种极佳的电导体。它易于传导电流。相反，塑料、木材或橡胶等其他材料却阻碍电流通过。电的不良导体被称为绝缘体。为了保证用电安全，铜线外面有一层用类似塑料的绝缘材料制成的外壳，这样我们接触电线时就不会触电。

▲ 电线通常由铜制成，为安全起见，电线外面有一层塑料包裹。

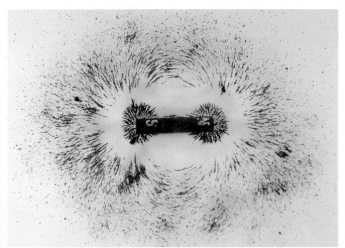

▲ 在条形磁铁的磁场作用下，铁屑被吸到磁极上，并在磁极周围显示出磁场。

什么是电流的磁效应？

电和磁都是由电子及其运动产生的。电流的磁效应指的是电流产生磁场的现象。

如果取一根铁钉，用电线紧紧将其缠绕，再将电线通电，此时钉子就会暂时变成一个电磁铁。也就是说，只要有电流通过，它就具有了磁铁特性。这种电磁铁能够吸引其他钉子和磁性物质。它还跟真正的磁铁类似，有一个北极和一个南极。

磁性

磁性也是电子运动的结果。当电子流动时不仅产生电，电子绕原子旋转和自旋还会产生磁性。每个电子就像一个小磁铁，这种旋转运动产生电流。

为什么有些物质带有磁性，而有些没有？为了回答这个问题，让我们看两个例子，铁和纸。铁是一种强磁性物质，而纸一点磁性都没有。在铁原子中，几乎所有的电子都以同一方向旋转，这种集体运动便产生磁性。而在纸的原子中，有几乎相等数量的电子分别以相反的方向旋转，从而相互抵消了磁性。

百科档案

电流只能在封闭的电路或路径中流动。打开一个设备，实际上是让电路闭合，从而电流流入，为设备供电。

◄ 这种电磁铁是由一个用电线紧紧缠绕的钉子做成的，在通电的情况下它变成了磁铁。

DNA、基因、进化和生命形式

所有相似的生物，根据其物理和生物学特性被分为同一个科目或者种属。相同且能够共同繁殖后代的生物体被称为"物种"。

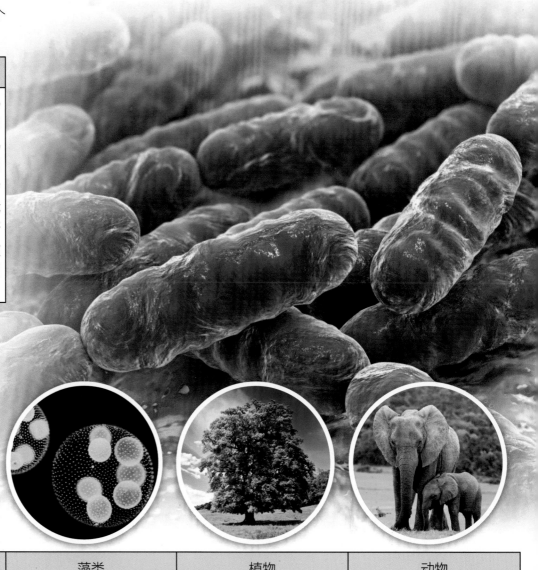

这些是不同生物的几个主要群体：

细菌

细菌是微小的单细胞有机体。它们有不同的形状和大小，通常依靠其他有机体（宿主）生存。有些细菌是有益的，而有些则会导致疾病，甚至伤害我们。例如，制作酸奶时所需的乳酸杆菌是有益的微生物，而梭状芽孢杆菌则会引起食物中毒。

真菌	藻类	植物	动物
真菌从活的或死的物质中所吸收的营养物质直接进入细胞。它们主要依靠死亡和腐烂的物质生存。蘑菇和霉菌是真菌。蘑菇以枯木或落叶为营养来源，从木材和土壤中吸收水分。	藻类是能够像植物一样利用阳光来合成营养的有机体。湖泊中的绿藻和海洋中的海藻都是藻类。与植物不同，藻类没有叶子、根或茎，也不能通过种子繁殖。	植物能够通过吸收阳光来进行光合作用。植物有两种类型：有花植物，如橡树、苹果、樱树；无花植物，如松树、云杉和冷杉。	动物依靠植物作为食物和能量的主要来源。动物有很多种，从水母到猿。在高等动物中，根据是否有脊骨将它们分为脊椎动物和无脊椎动物。

基因、DNA和染色体

基因是携带遗传信息的DNA片段。DNA所含的蛋白质储存着生命的种族、血型、孕育、生长、凋亡等过程的全部信息，在生物体的所有生命功能中起重要作用。我们的基因决定了我们的外貌和机能。

在许多生物体中，DNA排列成不同的长度，称为染色体。染色体由蛋白质组成，DNA紧密卷绕在蛋白质周围并被包装成一个线状结构。染色体成对出现在细胞核内。染色体的形状通常像字母"X"。

细胞
细胞核
染色体
短臂
着丝粒
DNA
长臂
姐妹染色单体
胞嘧啶
鸟嘌呤
腺嘌呤
胸腺嘧啶
糖-磷酸骨架
基因

▲ DNA链排列成染色体，存在于细胞核内。

DNA和基因

由单个细胞发育成一个完整的有机体所需要的所有指令，都是在细胞的遗传物质即DNA中获得的。DNA代表脱氧核糖核酸。DNA发出指令，复制出具有相同遗传信息的细胞。父母将其DNA传给他们的后代，这就是孩子与他们的父母相似的原因。

进化

进化是生物体通过自然选择和遗传变异，经过许多代的不断变化以适应环境的过程。以长颈鹿为例，数百万年前，长颈鹿的脖子并不长，它们不能够到大树的叶子。由于决定脖子长度的基因发生突变或改变，一些长颈鹿的脖子开始变长了。当食物缺乏时，脖子更长的长颈鹿能够到树上的叶子，而其他长颈鹿还是够不到。于是长脖子的长颈鹿存活下来，并将这一有用的特征遗传给后代。在这个例子中，有用的变化是基因突变，而长颈则是自然选择，或者说是大自然选择最强个体生存的方式。

查尔斯·达尔文是一位生物学家，他在创建现代进化理论方面发挥了重要作用，并在他的著作《物种起源》中发表了这一理论。

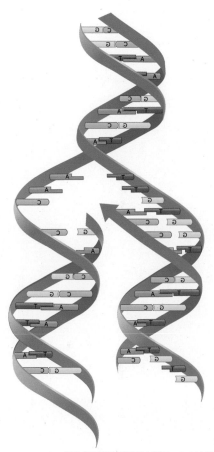

▲ 通过不断复制的过程，DNA链分离并形成精确的拷贝。

百科档案

如果将你体内所有细胞的全部DNA都解开，将其首尾相连，其长度相当于从地球到太阳的距离的数百倍。

植物、光合作用、栖息地和生态系统

　　植物是一种有机体，能够在阳光和水的作用下产生自身所需的能量。这种机制被称为光合作用。植物利用太阳光的能量来产生葡萄糖等养分，有助于植物生存、发展和繁殖。植物是地球上所有陆地生长环境的基础。

光合作用是如何进行的？

　　植物在阳光、水（H_2O）和二氧化碳（CO_2）的作用下，能够以单糖的形式合成自身所需要的养分，并释放出氧气（O_2）。

　　植物叶子上有许多被称为气孔的微小开口，植物正是通过它们来吸收二氧化碳的。水分通过植物的根被吸收，然后通过茎到达叶子。大多数植物的叶子是绿色的，因为在植物细胞叶绿体中有一种叫作叶绿素的色素。叶绿素以及其他色素对光合作用很重要。这里生产的糖分主要用于植物自身的生长发育，有些则储存在根、果实或叶子中。当叶子老化并停止产生叶绿素以后，它们会变成棕色并从植物上掉下来。

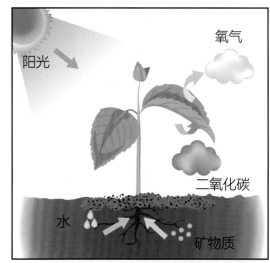

阳光　氧气　二氧化碳　水　矿物质

▲北极狐主要生活在苔原地区，而狮子则生活在大草原上。

栖息地

　　栖息地是指适合一种生物体生存和存活的环境。对于北极狐来说，雪山是一个理想的栖息地，而大草原则为狮子提供了合适的环境。

　　在同一个栖息地里生活的所有动植物统称为群落。在同一个群落中，不同的成员相互影响，有的是猎物，有的是捕食者，有的则是互惠互利的。

　　地球上一些主要的栖息地类型：

1. 大草原　　　　7. 温带草原
2. 极地冰区　　　8. 落叶林
3. 热带雨林　　　9. 针叶林
4. 沙漠　　　　　10. 山地
5. 苔原地区
6. 地中海地区

▲栖息地：①热带雨林、②沙漠、③苔原、④山地。

百科档案

　　世界上超过一半的物种生活在热带雨林中。这不足为奇，因为热带雨林产出的氧气占地球总量的40%！

生态系统

　　生态系统是指在自然界的一定空间内，所有生物与环境构成的统一整体，在这个统一整体中，生物与环境之间相互影响、相互制约，并在一定时期内处于相对稳定的动态平衡状态。例如，在草原上，狮子以鹿为食，而鹿以草、植物和灌木为食。狮子对鹿有什么好处？与其他物种一样，它们需要适当的种群平衡。如果没有狮子，鹿的数量将成倍增加，并引起对食物和生存空间的激烈竞争。

　　食物链以植物开始，以食肉动物结束。许多相互连接的食物链构成了一张食物网。

▲食物网显示了特定栖息地中不同的捕食者和猎物。

发明和发现

　　许多重大的发明和发现，无论是技术上的、科学上的还是与历史有关的，都改变了我们如何看待和对待我们的星球的方式，以及我们自身在文化和社会中发挥的作用。下面的时间线展示了从公元前15000年到现在的最重要的发明。

距今230万年以前
石器：早期人类将石器用于各种用途，例如抵御野生动物的攻击。

公元前3000年
青铜工具：古人开始学会熔化，并使用青铜等合金来制造武器和工具，这些武器和工具比石具更有效。

公元前2400年
算盘：这个简单的工具用于计数，人们认为算盘有可能发明于古巴比伦。

-----前15000年-----------前7500年-------------前5000年--------------前2500年------

公元前3000年
棉衣：人们认为第一件棉质衣服制作于5000年前印度河流域。

公元前2000年
陶器：将黏土制成陶罐等器皿的工艺和烘焙技术出现，这些陶器可以用来储存食物和水。

公元前300年
灯塔：据说最早的灯塔是埃及的法罗斯。灯塔里的火光，至少在12公里以外可见。

公元前105年
纸：纸是由中国东汉发明家蔡伦发明的。纸张的发明使大规模印刷书籍成为可能，这使得作者能够更广泛地传播他们的思想。

公元600 年
风车：第一个有记载的风车据说是在波斯建造的。风车利用风力来碾磨粮食和抽水。

14世纪30年代
印刷术：尽管在此之前中国就已经发明了印刷术，但在欧洲，在古腾堡发明印刷机之前，那里的人们一直还是手工抄写书籍。

公元700 年
零：人们认为，在7世纪的印度，零首先被当作一个数字。

1608年
望远镜：荷兰眼镜制造商汉斯·利珀希发明了第一台望远镜。伽利略改进了设计，使望远镜能够观察遥远的行星。

---————100年————1500年———————1600年—————————1700年———————

1665年
细胞：罗伯特·胡克在显微镜下观察一片软木塞时，发现它是由许多个微小单位构成的，他将之称为"细胞"。细胞被认为是生物体的基本单位。

11世纪初期
航海罗盘：航海罗盘是由一块磁铁组成的，它总是指向地球的地理北部。中国古代的水手用它来导航。

1712年
蒸汽机：托马斯·纽科门是第一个使用蒸汽为抽水机提供动力的人。蒸汽后来被用来为火车、船只和汽车提供动力。

公元725年
机械钟：中国僧侣、数学家一行，发明了第一个用滴水驱动的时钟。

1876年
电话机：亚历山大·格雷汉姆·贝尔发明了最实用的电话机模型。电话机在长途通信中起着非常重要的作用，直到近代才被手机所取代。

1796年
天花疫苗：爱德华·詹纳发明了天花疫苗，他证明了通过在人体注射牛痘病灶可以预防天花。

1878年
电灯泡：爱迪生发明的电灯泡开启了照亮世界的革命。在灯泡发明之前，人们主要依靠蜡烛和气体火焰照明。

1895年
X射线：威廉·康拉德·伦琴在做一个实验时意外地发现了X射线。X射线对于推动医学技术的巨大进步发挥了重要作用。

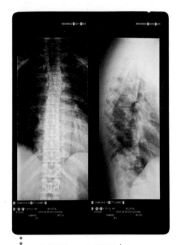

1951—1953年
DNA双螺旋：沃森和克里克借助罗莎琳德·富兰克林用X射线晶体学设备所拍摄的DNA图像，将DNA的结构描述为双螺旋。

1800年 ------------------------------ **1900 年** ------------------------------ **1950 年**

1856—1863年
遗传学与遗传：奥地利修道士孟德尔对豌豆进行了详细的研究，并提出了重要的遗传理论。

1926年
电视机：约翰·罗吉·贝尔德发明了一种通过无线电波传输图像的方法。

1829年
盲文字母：路易斯·布莱叶在很小的时候就失明了，他所提出的凸点字母系统，可以帮助盲人"阅读"。

1903年
有翼飞机：威尔伯·莱特和奥利弗·莱特兄弟发明了一种用发动机驱动的滑翔机，这是现代飞机发明的重要进程之一。

1928年
青霉素：亚历山大·弗莱明在观察霉菌盘尼西林如何阻止某些细菌在其周围生长后，发明了第一种抗生素——青霉素。

1969年
登月：这是尼尔·阿姆斯特朗和巴兹·奥尔德林首次登月的里程碑式时刻，标志着空间研究领域的新成就。

1973年
手机：1973年人们发明了可以随身携带的电话机，尽管电话机的发明要早几十年。第一部手机是摩托罗拉公司的马丁·库珀发明的。

2001年
人工心脏：人工心脏在2001年首次被用作人类心脏的替代品。但是到目前为止，用人工心脏来完成的手术仍然为数不多。

1996年
克隆羊多莉：基因工程的力量在第一只名为多莉的绵羊成功克隆出生后变得显而易见。克隆需要对遗传物质进行精确复制。

----- 1975年 -------------------------- 2000年 -------- 2010年 -----

1974年
互联网：这一年，第一个互联网服务提供商诞生。互联网是一种革命性的技术，它使世界上任何一个地方的信息都能迅速、方便地共享到另一个地方。

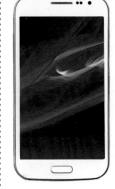

1994年
智能手机：智能手机是一种紧凑的、基于触摸屏的通讯设备，它将电脑和手机的功能结合在一起。Simon，第一部智能手机，不仅有应用程序，还有互联网接入功能和操作触摸屏的手写笔。

2012年
无人驾驶汽车：无人驾驶汽车技术的测试始于2012年。这些汽车有望开启新的交通革命。

1977年
个人电脑：早期的个人电脑又笨重又昂贵。经济实惠、紧凑型个人电脑于1977年首次推出。

波

简单地说，波是从一点传播到另一点的所有振动，它传递的是能量而不是物质。在我们身边到处都是波，只是我们可能看不到，或无法辨认，但它们在我们的日常生活中起着至关重要的作用。

波的介质

波可以是机械波也可以是电磁波。波的介质是一切能传播波的物质。当波进行传递时，介质的基本粒子发生相互作用和碰撞，并从原来的位置暂时离开。介质中相互作用的粒子使能量从一个点传递到另一个点。并不是所有的波都需要介质传播。

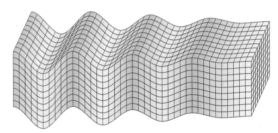

⊛ 波的能量使介质中的粒子发生振动。

池塘里的涟漪依靠介质水来传播。声波在空气、液体和固体中都可以传播，但声波不能在真空中传播。光波是电磁波，可以在真空中传播。地震波起源于地表以下，是一种机械波，与声音一样，也需要传播介质。

⊛ 技术人员通过调整声波的各个参数以获得最佳传播效果。

波的特性

波具有振幅、频率、周期、速度和波长等特性。波可用一个图形表示，最高点称为波峰，最低点称为波谷。

振幅：相对静止位置的最大位移称为振幅。它是通过测量波从静止位置位移的高度来计算的。振幅代表波的强度。振幅较高的声波比振幅较低的声波更响亮。

波长：波的两个波峰或两个波谷之间的距离称为波长。

频率：波在1秒内完成周期性变化的次数称为频率。已知波长和频率，可以使用以下公式计算波的速度（速度变化率）：速度 = 波长 x 频率。

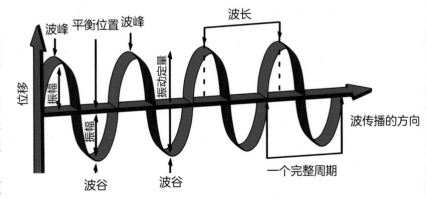

⊛ 波有明显的高点和低点，分别称为波峰和波谷。

波的类型

波有两种基本类型：机械波和电磁波。

机械波需要介质传播。波通过振动传播，其能量在介质的粒子之间相互传递。声音是一种机械波，它可以在固体、液体和空气中传播，但不能在真空中传播。电磁波不需要介质，它是通过带电粒子所产生的电场和磁场传播的。光和X射线就是电磁波。

⏺ 水面上形成的波纹就是一种机械波。

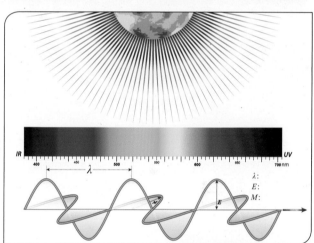

⏺ 光是一种可以在真空中传播的电磁波。

纵波和横波

纵波产生与波平行的振动或扰动。横波产生垂直于波的运动方向的振动或扰动。

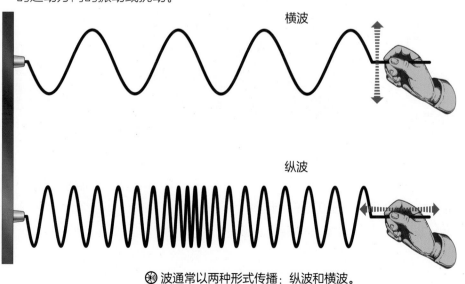

横波

纵波

⏺ 波通常以两种形式传播：纵波和横波。

百科档案

来自地球内部引发地震的振动，有横波和纵波两种形式同时存在。

光

　　光无处不在。地球上的生命离不开光。我们所感知的光虽然肉眼看不见，但它实际上有成千上万种颜色。光是一种能量，它以电磁波的形式传播。太阳是太阳系的主要光源。对光的研究被称为光学。

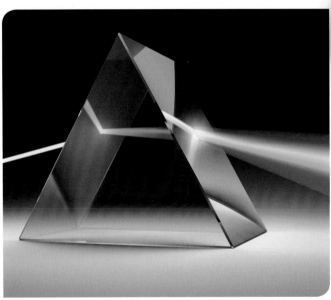

◉ 当白光通过棱镜时，它会被分解成不同颜色的光。

◉ 我们能感知各种形式和颜色的光。

光是如何产生的?

　　光是在原子被"激发"时产生的。原子是构成宇宙中所有物质的基本单位。原子内部有一个带正电荷的原子核，带负电的电子以一定距离围绕原子核旋转。

　　当电子保持在稳定的位置或基本状态时，它们既不吸收也不会释放能量。但是，当一个电子从它的基本状态跃迁至更高能级时，电子获得能量，此时的原子"被激发"。而电子更倾向于恢复到稳定状态或之前的低能级。为此，电子以"光子"的形式失去能量，光就是一大批或一束光子。光子是没有质量或电荷的基本粒子，以每秒 3×10^8 米的速度运动。我们能看到光，是因为光子落在我们的眼睛上，并被眼睛和大脑中的受体检测到。

◉ 荷兰科学家克里斯蒂安·惠更斯提出，光是由波组成的。

光的二象性

　　几十年来，科学家们一直在思考和争论光的本质。17世纪，著名物理学家艾萨克·牛顿成为最早对光进行详细研究的人之一。他提出，光是一股粒子流或"微粒子"，可以撞击物体。与牛顿同时代的荷兰科学家克里斯蒂安·惠更斯认为光不是由粒子组成的，而是由波组成的。

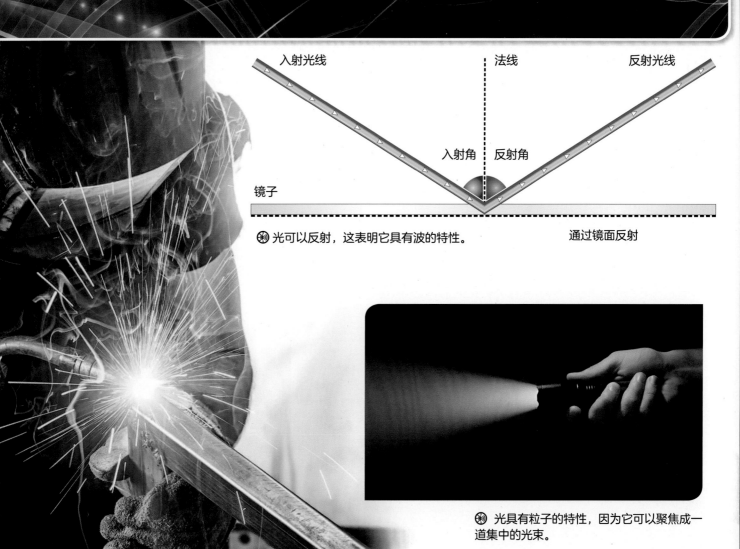

入射光线　　　法线　　　反射光线

镜子

入射角　反射角

通过镜面反射

◉ 光可以反射，这表明它具有波的特性。

◉ 光具有粒子的特性，因为它可以聚焦成一道集中的光束。

光不能简单地被归类为粒子或波。事实上，它具有粒子和波的双重特性。许多科学家通过无数实验证明了光的双重特性。就像海浪可以撞击岩石并后退一样，落在镜子上的光可以从其表面反射出来，因此光有波的特性。光可以聚集成光束，像粒子流一样被射出。这就是光的波粒二象性。

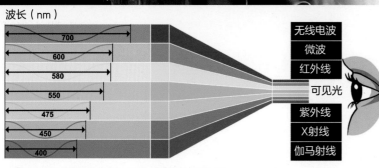

波长（nm）

700
600
580
550
475
450
400

无线电波
微波
红外线
可见光
紫外线
X射线
伽马射线

◉ 可见光谱是我们唯一能感知的电磁辐射。

可见光谱

虽然光有不同的波长和能量存在形式，但人类只能感知其中的一小部分，即400～700纳米范围内的可见光谱。当光线通过玻璃棱镜时，它会被分解成不同颜色的光：红、橙、黄、绿、青、蓝、紫。托马斯·杨是第一位测量可见光谱中不同颜色的光的波长的科学家。

我们通过眼睛所能看到的东西来感知宇宙。我们所看到的星星发出的光已经传播了数百万光年（一种长度单位）。今天，我们有先进的望远镜，可以更详细地观察宇宙。光被广泛应用于激光、全息照相和光纤通信等技术。

百科档案

人类只能感知可见光。而动物世界中的蜜蜂能探测到紫外线，响尾蛇能看到红外线。

光的性质

由于光是波的一种形式，它会表现出波的某些特定属性。光的这些特性，可以从自然光源（如阳光）或人工光源（如灯具）观察到。光最著名的特性是反射、折射、衍射和干涉。

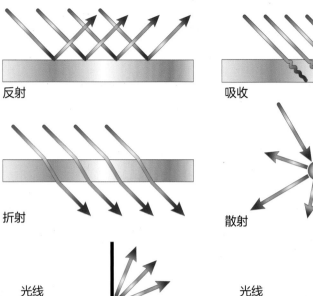

反射　　　　　　　吸收

折射　　　　　　　散射

光线　　　　　　　光线

衍射

🔊 光作为一种波，表现出不同的特性。

反射

光有反射物体的能力。我们之所以能感知光，是因为它能将光从物体反射到我们的眼睛里。当一束光照射到抛光表面上时，它会以光束的形式反弹回来。这种反射被称为镜面反射。当光线从粗糙的物体表面上反射时，它会向各个方向散射，这就是漫反射。所以我们不能在粗糙的表面，如木头或纸上看到我们自己的镜像。

🔊 镜子是一个抛光表面，光照射到镜子表面就会反射。

折射

光在真空里是以直线传播的。而当光从空气射入水里时，因为介质的密度不同，光的传播方向发生变化，这种现象称为折射。介质的密度越大，光射入时发生的折射角度就越大。折射发生在一种介质与另一种介质的交界处。

发生折射的原因是，光速只有在真空中才能达到其最大值，而当它通过不同的介质时，速度会减慢。光的这种折射特性非常有用，可用于不同光学仪器的透镜中。

🔊 水里的吸管因折射而出现弯折的现象。

衍射

光不具备像声音那样在拐角处"转弯"的能力，但是当它通过不透明或透明的障碍物时，它会绕过障碍物，产生偏离直线传播的现象，这种现象被称为光的衍射。衍射量根据光的波长和间隙的宽度而变化。有时，在太阳或月球周围可以看到一个明亮的光环，这是由于大气中的粒子引起光的衍射。

⊛ 月球周围有时会出现光晕，原因就是衍射。

干涉

当池塘中出现两个相近的涟漪时，扩散开来的水波纹会相互碰撞，合并形成不同的图案。光波也有类似的现象。当两个光波相遇时，它们相互碰撞和改变，这就是光的干扰。当两个光波相遇，若它们的波峰或波谷同时抵达某一点，干涉波会产生最大的振幅，这被称为相长干涉；当两个光波相遇，它们的振幅也有可能相互抵消，这就产生相消干涉。当一束激光照射在临近的两个小狭缝上时，会产生暗带和亮带两束不同的光。亮带由相长干涉形成，暗带由相消干涉形成。在肥皂泡中产生彩虹图案的现象也是一种干涉。

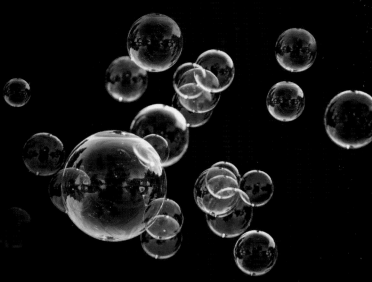

⊛ 光的干涉使肥皂泡出现彩虹色。

散射

当光在不均匀的媒介中传播时，例如在充满灰尘和其他粒子的空气中，光会偏离原来的方向，在一片很大的区域里分散传播，这种现象被称为散射。

百科档案

海市蜃楼是一种经常在炎热干燥的地区被观察到的错觉。这种现象是在地表附近形成的。当光线在冷的、稠密的空气和热的、不太稠密的空气之间传播时发生折射，从而产生了这样的虚像。

⊛ 光因为空气中的灰尘和其他颗粒而形成散射。

阴影和日食

当物体阻挡光线时，就会形成阴影。物体通常分为不透明材料、半透明材料或透明材料。不透明或半透明的物体可以生成阴影。日食会产生更大范围的阴影。

材料类型

根据材料允许光线通过的能力，可将材料分为三类。

透明材料：能让几乎所有的光线通过的材料被称为透明材料。玻璃和玻璃纸就属于透明材料。

🔊 干净的玻璃是透明材料，大部分光线可以通过。

🔊 半透明物体能让部分光线通过。

半透明材料：介于透明和不透明之间，这些材料允许部分光线通过。磨砂玻璃和某些塑料就属于半透明材料。还有一些半透明材料，例如薄薄的织物，它虽然能透光，但会引起漫射，使另一边的物体看不清。

不透明材料：不透明的材料阻挡了几乎所有的光线，形成一个明显的阴影。木材和金属是不透明材料。落在不透明物体上的光被部分吸收或完全反射。

百科档案

如果月球离地球更近，并以更圆的轨道旋转，那么我们就可以每个月都看到日食。

🔊 木头是不透明材料，可以阻挡光线。

阴影：本影和半影

阴影的本意是"缺少光的区域"。光线完全照射不到的地方，就会形成一团黑影，这种阴影被称为"本影"。而有的阴影的形成，是一部分光被阻挡，仍有一部分光可以通过，这种阴影被称为"半影"。

如果光源很小并且集中在一个点上，就会形成一个锐利的阴影，这种阴影就是本影。如果光源较宽且分散，则在本影周围形成被称为半影的部分阴影。当光源逐渐远离物体时，阴影的大小和强度也会相应改变。

◉ 阴影的类型取决于光线的角度。

日食和月食

通常在大行星体中，例如当太阳、月亮、地球运行到一条直线上，一个星体产生的阴影遮住了另一个星体。在地球上，我们可以看到两种阴影现象——日食和月食。

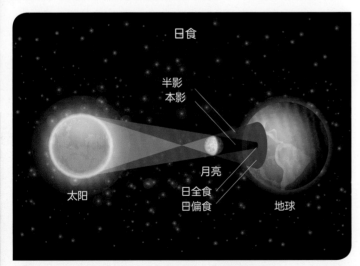

◉ 当月亮运动到太阳和地球之间时，日食就形成了。

日食，是月球运动到太阳和地球的中间，月球挡住太阳射向地球的光，将阴影投射在地球的某些区域时所发生的现象。这就是为什么永远不可能在地球的所有地方同时看到日食，而只有在月球的影子所覆盖的地方才能看到。在日食发生的地方，似乎太阳已经变暗了。日全食是指月亮完全遮住太阳。日偏食是指一部分太阳被月球挡住。日食持续时间通常不超过七分半钟。

我们之所以能看到日食，与太阳的大小以及太阳与地球的距离有关。太阳与地球的距离，大约是地球到月球距离的400倍。太阳的直径也大约是月球直径的400倍。

当月球运行到地球的后面，并进入到地球的阴影中时，地球挡住了太阳，便会发生月食现象。只有当太阳、地球和月亮完美地排列成一条直线时，月食才会发生。

◉ 日食通常分为几个阶段。

透镜

透镜是由透明物质如塑料或玻璃制成的光学元件，能够折射光线形成图像。两种常见的透镜类型是凸透镜和凹透镜。透镜可以折射的光量取决于其折射率。

凸透镜

凸透镜是中央较厚、边缘较薄的透镜。凸透镜有会聚光线的作用，故又被称为会聚透镜。平行光如日光射入透镜，在透镜的两面发生两次折射，然后集中到焦点上。透镜中心和焦点之间的距离称为焦距。凸透镜适用于放大镜、望远镜、显微镜和双筒望远镜等放大装置。

🔊 凸透镜可以将阳光集中在一个点上。

凹透镜

凹透镜是中央较薄、边缘较厚的透镜。凹透镜对光有发散作用，也叫发散透镜。平行光线通过凹球面透镜发生偏折后发散开来，成为发散光线。凹透镜无法形成实性焦点，沿着散开光线的反向延长线，在光线投射的同一侧交于一点，形成一个虚焦点。镜头中心和虚焦点之间的距离是焦距。凹面透镜用于投影仪，使图像能够被放大。

🔊 投影仪使用的是凹透镜。

百科档案

20世纪以前，所有的透镜都是由玻璃磨成不同形状制成的。

透镜和成像图

　　成像图在表示凸透镜的会聚作用时很有效。从透镜的中心画一条主轴，用3~4条线来表示平行光线。光线平行于主轴射入透镜，在透镜两面发生折射后会聚于透镜后面的焦点。透过透镜的两条光线交汇后形成的图像，在焦点后面发生颠倒。从凹透镜中射出的光线发散后，沿着发散光线的反方向在光线射入的同一侧，得到一个垂直的虚像。

　　成像图有助于识别：

　　与原始对象相比，图像是放大还是缩小；

　　图像是垂直的或倒置的；

　　图像是实像还是虚像。

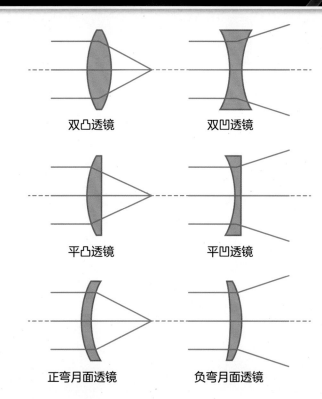

双凸透镜　　　　双凹透镜

平凸透镜　　　　平凹透镜

正弯月面透镜　　负弯月面透镜

📢 成像图能够显示光通过不同透镜后的结果。

透镜是如何工作的？

　　透镜是由透明的玻璃或干净的塑料制作而成，并根据折射原理工作的。通过凸透镜或凹透镜的光线会改变方向。由于发出光线的物体与透镜有一定距离，通过透镜折射以后的成像看起来就比实际物体更小或更大。

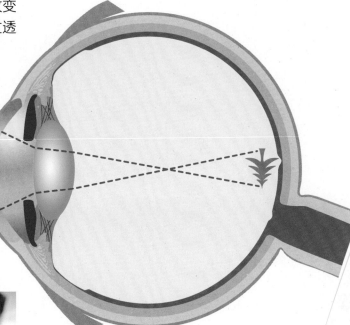

📢 我们眼睛中的晶状体就像一个透镜，将图像聚焦到视网膜上，视网膜将图像信息传输到大脑。

如何制作透镜？

　　凸透镜是用凹面研磨工具制成的，凹透镜是用凸面工具制成的。一般来说，制作窗户的玻璃不适合制作透镜。用于透镜的玻璃必须没有气泡和任何瑕疵。劣质玻璃会使通过透镜产生的图像模糊。用于制造透镜的材料被称为光学玻璃。如今，塑料镜片也很普遍，因为塑料比玻璃更便宜，更容易成型。为了增加耐用性，塑料镜片通常被涂上保护材料。

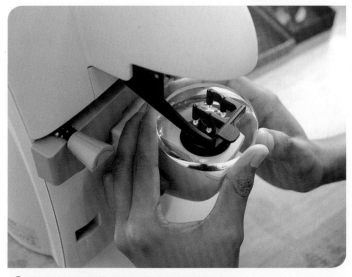

📢 镜片是用模具和研磨工具制作而成的。

透镜的应用

不同类型的镜头适用于不同的应用。透镜的用途很多，从简单的放大镜到复杂的显微镜。过去，透镜是用手工研磨玻璃制作而成的。如今，已经实现了通过模压自动化批量生产透镜。

放大镜

放大镜是最基本的光学设备之一，它是一个简单的凸透镜，用来观察那些太小，用肉眼看不清楚的物体。放大镜中使用凸透镜，可以通过调整放大镜在眼睛和观察物体之间的位置来调节放大率。

📢 放大镜可以放大图像。

📢 照相机用镜头捕捉图像。

相机

传统相机由一个单独的镜头组成，镜头位于感光材料的前面，比如胶卷或传感器。胶卷内含有某些化学物质，使它能吸收光和保留颜色。在数码相机中，胶卷被电子传感器代替，电子传感器记录下光的强度和颜色信息。传统相机或数码相机的工作原理是一样的，都是由单个镜头在胶卷或传感器上形成一个图像。有些相机使用多个镜头，但将它们组合在一起也是为了达到凸透镜会聚光线的效果。

针孔相机或暗箱相机是一种简易的相机模型。它由一个盒子组成，盒子上有一个小孔，来自风景或物体的光线穿过小孔进入盒子，在盒子的内里面形成一个倒像。如果盒子内使用光敏化学材料，则可以将此图像作为永久快照捕获。

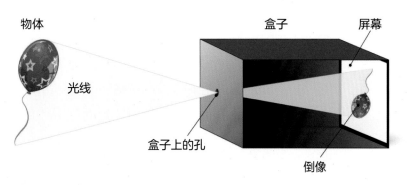

物体

光线

盒子

屏幕

盒子上的孔

倒像

📢 针孔相机是一种简单的相机模型，也被称为暗箱相机。

　　望远镜是用来放大远处物体的装置。伽利略改进了远望镜的设计以观测太空。他用这种望远镜发现了金星的不同相位、木星的卫星、月球的凹坑表面、太阳黑子和银河系。一个望远镜由一根长管组成，其两端分别安置有一个凸透镜。面对被测物体的透镜称为物镜，离眼睛较近的透镜称为目镜。目镜可以放大物镜所产生的图像。

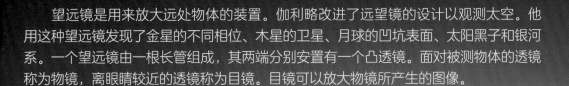

🔊 望远镜可以用来观察天体。

显微镜

　　显微镜由目镜和类似于望远镜的物镜组成。这种装置也被称为复合显微镜。被观察的物体被放置在一个透明的载玻片上，载玻片又被安装在一个平台上。该平台由自然光，或者镜子、灯具形式的人造光来提供光源。

　　为了获得最大的清晰度，需要通过调整镜头来实现。复合显微镜的最大放大倍数约为物体原始尺寸的100～300倍。

🔊 光学显微镜在生物实验室是必不可少的。

百科档案

　　放大镜的透镜越小，放大率就越高。但放大镜必须靠近观察者的眼睛，才能获得最佳效果。

激光

激光是一种人工产生的集中光束，与手电筒或灯泡发出的光有所不同。激光（LASER）这个词是英文缩写词，意思是"通过受激辐射光放大而产生的光"。激光被广泛应用于多种技术和仪器中。

激光的工作原理

光由不同的波长组成，即使在可见光谱中，不同颜色的光的波长也有相当大的变化。白光实际上是不同波长、不同颜色的光的混合物。

激光束并不是自然产物。它是在特定条件下产生的。激光束是一束频率相同、波长相等的光子流。激光中所有的光子都是以相同的方式传播的，并且传播方向也完美统一。因此，激光中的光子非常集中，并且亮度很高，它可以高度集中在单一的点上。由于激光是聚集的，不像普通光波那样分散，所以它可以传播到更远的距离。激光束能够将很高的能量集中在一个很小的区域内。

◉ 激光是集中且强大的光束。

激光是怎么产生的？

激光束是通过专门设计的特殊玻璃器件产生的。早期的气体激光器将气体充入器件内部，当气体原子吸收能量达到激发态，其内部的粒子实现从稳定态能级升至更高能级。当原子恢复到稳定态能级时，多余的能量以光子的形式被释放出来。

发射出来的光子都是相同的波长和频率，光波排列得非常整齐。光子合成的光束窄而集中，颜色单一。

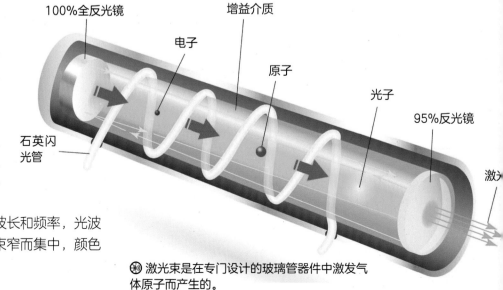

100%全反光镜　增益介质　电子　原子　光子　95%反光镜　石英闪光管　激

◉ 激光束是在专门设计的玻璃管器件中激发气体原子而产生的。

激光的应用

激光有广泛的用途：

1.激光是有用的精密工具，可以切断坚硬的材料，如钻石或厚金属。

2.激光可用于需要精确切割且不会对周围组织造成广泛损伤的精细手术中。

3.激光可用于记录和检索信息，因此被用来传输电视和互联网的信号以及数据。

条形扫描仪使用的是激光。

4.激光器是激光打印机和条形码扫描仪的关键部件。

5.激光也用于设计计算机和某些电子设备中的精密元器件。

6.激光还用于一种被称为光谱仪的科学仪器中，这种仪器被用来鉴定样品的化学性质。"好奇"号火星探测器使用激光光谱仪来识别火星表面岩石中存在的化学物质。

7.激光被用于研究地球大气中的气体，也被用于绘制行星、卫星和小行星表面的图像。

8.激光广泛应用于各种研究实验室，以研究量子光学、原子物理、光谱学和等离子体。

实验室使用激光来进行不同的研究。

光纤

光纤是一种由玻璃或塑料制成的纤维，可作为光传导工具。由于光在光导纤维的传导中的损耗比电在电线传导中的损耗低得多，因此与相同尺寸的普通电缆相比，光纤能够承载更多的信息，常被用作长距离信息传递的介质。

什么是光纤？

光纤是由耐用的高质量玻璃制成的微细的纤维。由于玻璃材料几乎不吸收光，因此能够有效地传输光信号。光纤柔韧、透明、纤细，比人的头发丝还要细。数百根光纤组合成一根光缆。它们用于光纤通信中，可以进行远距离传输。

光纤的组成部分

光纤由五个主要部分组成。光纤的"内芯"通常是由石英玻璃制成的横截面积很小的双层同心圆柱体。"内芯"外面包围着一层折射率比"内芯"低的玻璃封套，被称为"包层"。这种护套增强了"内芯"的内部反射能力，从而最大限度地减少了信息丢失。在"包层"外，是一层薄的塑料外套，即"涂覆层"，用于保护光纤，减少弯曲，增加支撑。涂覆层外面有一层"强化纤维"，保护外面光纤免受过度拉伸和外力的影响。最后一层被称为"光缆护套"。它类似于普通电线和电缆中的塑料护套。"内芯"是光纤中唯一传输光信号的部分，由于容易损坏，因此需要好几层保护层。

◉ 光纤可快速有效地传输信号。

◉ 光纤有许多保护层。

全内反射

光纤的工作原理是全内反射。你可能已经注意到，当你在一条通道里打开手电筒，它发出的光是沿着一条直线传播的。然而，如果你在通道的转弯处放置一面镜子，手电筒的光就可以反射到更远的地方。光纤也是同样的工作原理，只是没有镜子，而是依靠全内反射的现象。使用纤维材料的目的是尽可能少地吸收光，而是将照射到它的光尽可能多地反射出去。

光信号从接收端沿光纤进行重复的全内反射，然后从另一端出来。光纤的一个优点是，即使光纤弯曲，光也能有效地从一端传输到另一端。与其他普通电缆不同的是，光纤传导的损耗较低，因此光纤在长距离传输时也能保持很强的信号。

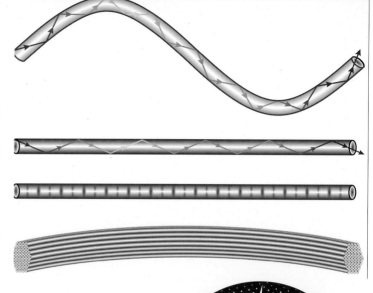

● 光纤的工作原理是全内反射。

应用

光纤被广泛用于照明、成像以及无线互联网连接中。在光学传感器和激光器中使用的是特别设计的光纤。关于光纤设计以及光导信息传输的研究被称为光纤光学。

百科档案

光纤跟金属电缆不同，前者不受电磁干扰。

● 光纤广泛应用于无线互联网连接。

黑体

　　所有物体，无论其自身温度如何，都会发射和吸收红外辐射。物体自身温度越高，其在单位时间内发出的红外辐射就越多。温度极高的物体甚至还会发出可见光。

什么是黑体?

　　理论上，没有任何物体能够百分之百吸收和反射所有外来辐射。然而，有些物体能够吸收几乎所有指向它们的辐射，这样的物体被称为"黑体"。黑体是研究电磁辐射的标准物体。即使黑体没办法反射任何电磁波，但它也可以发射电磁波，而这些电磁波的波长和能量则完全取决于黑体的温度。黑体在700K以下时看起来是黑色的，但这只是因为在700K之下的黑体所发射出来的辐射能量很小且辐射波长在可见光范围之外。

　　⊛ 黑体的辐射强度与波长成反比。黑体越热，所发出的电磁辐射强度越大，波长越短。

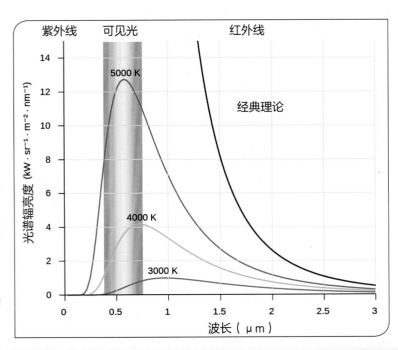

黑体辐射

　　黑体发出的能量称为黑体辐射，其辐射强度和波长可以用图表表示。图线中的最大点表示辐射强度，即最大波长，这取决于黑体的温度。黑体越热，辐射最强的波长越短。

　　科学家们用测黑体辐射的方法来计太空中物体的温度。这种方法基于这样一个假设：像恒星这样的天体是完美的黑体。实际上，它们并非如此。确有几个天体非常接近完美黑体的条件。宇宙中黑体的最好例子就是恒星。恒星可以发出不同波长的辐射，同时也可以吸收辐射。

一般来说，白色和银色表面是最差的辐射吸收体。它们能反射几乎所有外来的可见光。

吸收性差的物体也是发射性差的物体。前者不像深色物体那样快速地发射辐射。这就是为什么家里的暖气片通常被漆成白色。这样，它们可以更缓慢地发射红外辐射。

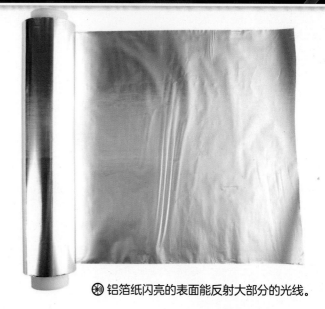
🔊 铝箔纸闪亮的表面能反射大部分的光线。

🔊 家用暖气片通常被涂成白色以减缓辐射热量。

近黑材料

对黑体的研究有助于研发可用于雷达隐身的材料。这些材料可用于为望远镜和照相机提供抗反射表面，以减少杂散光和提高对比度。有一种能把任何物体变成接近黑色的物质叫作灯黑。

黑体的一个实际例子是在涂有灯黑的盒子上打一个小孔。灯的黑色涂层能确保至少97%的入射光被吸收。

百科档案

黑洞被认为是一个完美的黑体。

黑体

黑洞被认为是一个最接近完美的黑体。黑洞的引力极其强大，在其周围会产生奇异的现象，即存在一个界面——"视界"，一旦进入这个界面，即使光也无法逃脱。我们在太空中观测到的宇宙微波背景辐射就是黑体辐射。从黑洞释放出来的黑体辐射被称为霍金辐射，这是以描述这种现象的科学家斯蒂芬·霍金的名字而命名。黑洞会持续发射辐射，直到它耗尽所有能量。

🔊 黑洞是一个近乎完美的黑体。

地球与辐射

　　不同的物体有不同的温度，这与它们吸收和发射的辐射之间的平衡有关。发射大量辐射的物体通常温度都很高，而发射量较少的物体的温度也会较低。地球的平均温度由许多因素决定。

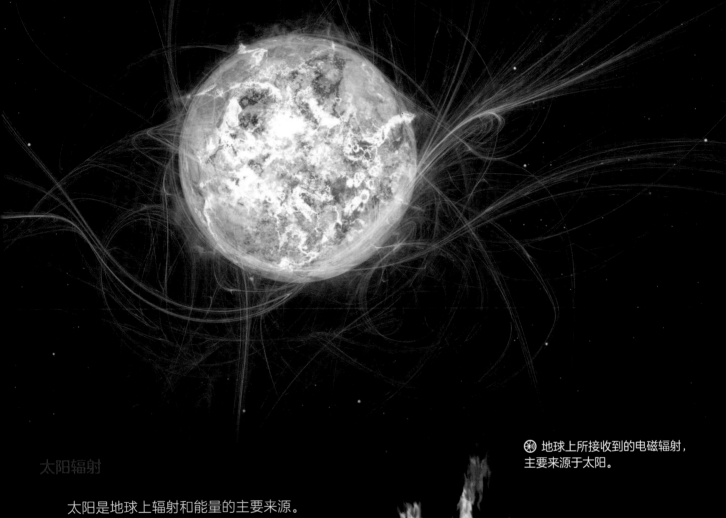

太阳辐射

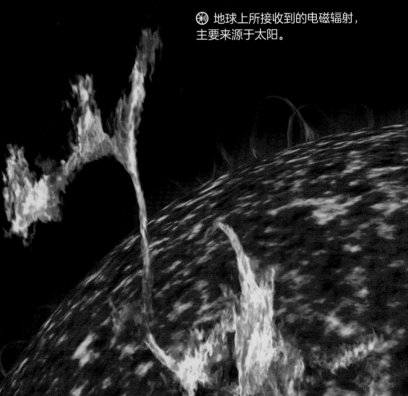

⊛ 地球上所接收到的电磁辐射，主要来源于太阳。

　　太阳是地球上辐射和能量的主要来源。太阳的辐射光谱几乎与完美的黑体相似。太阳发出的辐射跨越了整个电磁光谱，包括可见光、红外线、紫外线、X射线和无线电波。

　　太阳内部不断的核聚变反应也会产生高能伽马射线。然而，当它们到达太阳表面时，它们已经失去了大部分能量并被重新吸收。伽马射线只在太阳耀斑中发射。行星所接收到的太阳辐射量与距离成反比，即行星离太阳越近，所受辐射就越多。

⊛ 伽马射线是太阳在耀斑期间发出的。

影响地球温度的因素

地球有一层厚厚的大气层，保护着地球表面的生物免受有害紫外线和红外线辐射的伤害。紫外线被大气层中的臭氧层吸收。被吸收的辐射和热量部分被发射回上面的平流层，还有一部分热量被反射回大气层以外的外层空间，其余的热量被地球表面吸收。

地球的温度取决于大气中存在的气体及其吸收和反射辐射的能力。地球有三种主要的气体能吸收可见光和红外辐射。它们是水蒸气、二氧化碳和甲烷，这些气体被称为"温室气体"。地球的平均温度是由地表和大气中上述三种气体的吸收量和排放量所决定的。

辐射效应

每当地球表面吸收可见光和红外辐射时，内部能量就会增加，地球表面就会变热。部分热量通过传导和对流传递到大气层中。

地球也会发射红外辐射，其中一部分通过大气层辐射回到太空。大气中的温室气体向各个方向发射红外辐射，包括向地球表面和向外太空。这种活动对稳定地球的平均温度很重要。

◉ 臭氧层能提供紫外线防护。

◉ 污染是导致全球变暖的主要因素。

◉ 全球变暖导致极地冰盖和冰川融化。

人类活动，如燃烧化石燃料和森林砍伐，导致排放到大气中的二氧化碳增加。由于二氧化碳是一种温室气体，它能捕获并重新吸收辐射，这种叫作"温室效应"的现象将导致地球的气候变化。

温室效应带来的全球气温上升，最终将对地球上的所有生物产生灾难性的影响。全球变暖导致极地地区的冰雪极易融化，并将影响世界各地的沿海地区以及急剧改变气候模式。到21世纪末，一些岛屿将面临沉没于海平面以下的危险。

百科档案

科学家们观察到，在太阳耀斑期间，它会发出X射线。

声音

我们的世界随时随地都充满了各种不同的声音。声音是一种机械波，由粒子在传播介质中的振动形成，振动被听觉系统接收为声音。声音的一个重要特征是，它需要一种传播媒介。

纵波

声波是一种纵波。当声波向某一特定方向移动时，空气中的粒子因能量的传输向两侧移动。由于粒子的纵向运动，纵波在传播过程中沿着波前进的方向出现疏密不同的部分，因此它又被称为疏密波。

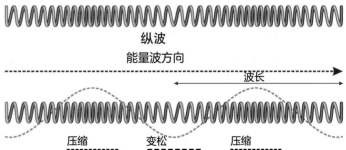

纵波
能量波方向
波长
压缩　变松　压缩

🔊 声音以纵波的形式传播。

声波的介质

波是一种干扰，它通过介质从一个位置传输到另一个位置。所有能传递振动的物质都可以作为声波的介质，例如空气、水或金属。

但是，如果你在太空中大声叫喊或演奏乐器，所发出的声音不可能被听到。因为太空里是一个真空状态，没有相互作用的粒子，声波就不能传播。声波通过粒子与粒子的相互作用而传播，因此被称为机械波。

🔊 声音只能在有介质的情况下传播，比如空气。

超声波和次声波

    人的耳朵通常能听到频率为20到20000赫兹的声音。有一些动物能听到频率低于或高于此范围的声音。例如，狗可以听到的狗哨声，但人类却听不到。这是因为哨声的频率高于20000赫兹。

    超声波是指频率高于人类可听声音的频率上限，即大于20000赫兹的声波。

    蝙蝠发出超声波，通过接收回声，以确定它们的路线，这叫回声定位。次声波是频率低于20赫兹的声波。鲸鱼、大象和某些其他动物能听到次声波。

A. 蝙蝠	2kHz ~ 120kHz		F. 青蛙	50Hz ~ 4kHz	
B. 海豚	75kHz ~ 150kHz		G. 鳄鱼	16Hz ~ 18kHz	
C. 昆虫	10kHz ~ 80kHz		H. 狗	64Hz ~ 44kHz	
D. 老鼠	900Hz ~ 79kHz		I. 大象	17Hz ~ 10.5kHz	
E. 鸟	1kHz ~ 4kHz		J. 蓝鲸	14Hz ~ 36Hz	

    不同的动物可以感知不同频率范围的声波。

    超声波和次声波有很广泛的应用。超声波可用于医学诊断和声像图的超声扫描。潜艇和船只通过发送和接收超声波，探测附近的其他船只和物体，从而为人们安全导航。次声波被用来探测火山爆发。

隔音

    如果一个空间内不允许有声波进入，那么就需要对它进行隔音处理。例如，对于需要录制音乐或音频的房间来说，隔音就显得非常重要。经过隔音处理的房间将隔绝所有外部声音，为清晰地录音提供合适的环境。隔音是通过以下三种方式实现的：

    1.使用能吸收声音的材料；

    2.为房间创造一个双结构空间，两种结构之间相互隔离，这样声音只能穿透第一种结构而不能传播到第二种结构内；

    3.用更厚的材料建造房间，以便声音被反射或转换成另一种形式的能量。

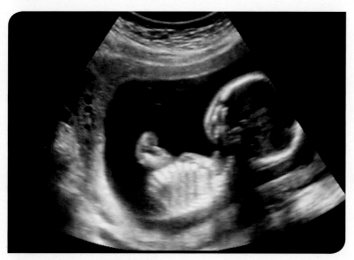

    超声技术可用于医学诊断。

百科档案

    雷声是由闪电周围的空气快速加热而产生的，这些空气的温度通常超过了10000℃。

    隔音室对于高质量的音频和音乐录制是必不可少的。

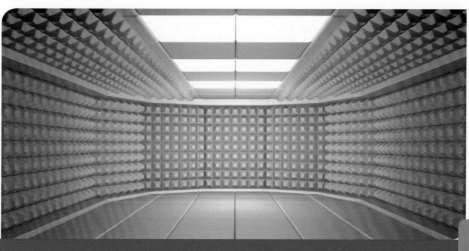

声音的性质

声波与光波相似，具有波所有的特性。我们可以测量声波的速度、波长、频率和振幅。声音还具有反射、折射、吸收和衍射等特性。

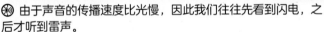
由于声音的传播速度比光慢，因此我们往往先看到闪电，之后才听到雷声。

声波的特征

速度：声音在单位时间内传播的距离被称为它的速度。在15℃时，空气中声音的速度是每秒340米。你可能注意到音速比光速慢得多。这就是为什么我们总是先看到闪电，然后再听到打雷。

某些飞机和陆基车辆的行驶速度可能会超过音速。以超音速飞行的飞机在其周围形成一片白云。

当温度发生变化，声音的速度也会改变。声音在固体中传播的速度比在液体和气体中传播的速度快。这是因为固体的粒子紧密地排列在一起，声音传输效率更高。

某些飞机的飞行速度比声音还快。

波长：两个连续的波峰或波谷之间的距离被称为波长。

频率：1s内波完成周期性变化的次数叫作频率。

振幅：一个波发生振动所达到的最大值称为振幅。以声波为例，它指的是由于振动而使传播介质中的粒子发生位移的程度。声波的振幅与声音的大小有关。

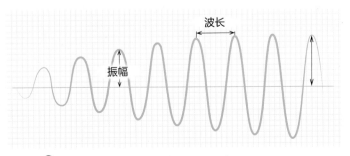
声波的振幅反映了声音的响亮程度。

音高：声音的高低由声波的频率决定。同时，声音频率也决定了声音的质量。

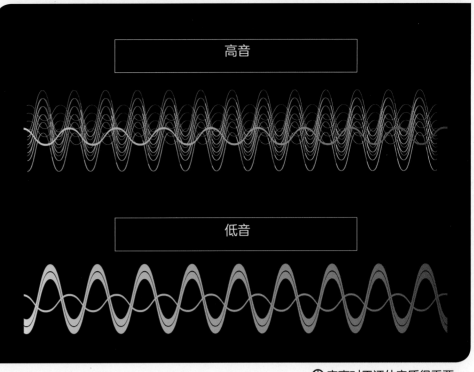

高音

低音

🔊 音高对于评估音质很重要。

物理性质

与光波一样，声波也具有波所有的物理特性。

反射：与其他波一样，声音在一种介质中传播，遇到障碍物时就会发生反射。声波的反射会导致两种结果：回声或混响。混响发生在高度和广度都不太大的空间里，长宽不超过17米。回声和混响的原理是一样的，不同的是，反射回来的声音与声源发出的声音间隔0.1秒后，我们就能分辨出回声。

折射：声波从一种介质传播到另一种介质时，会发生折射，从而改变声波的传播方向。随着声波方向的改变，其速度和波长也会发生变化。因此，当声波从空气传播到水中时，由于折射，波的速度、波长和方向都会发生变化。

吸收：当声波撞击到物体表面时，一部分能量被反射，一部分被吸收。吸收是声波能量从一种形式转换到另一种形式的现象。一般来说，高频声波比低频声波更容易被吸收。

衍射：当声波遇到障碍物时，会出现声音绕过障碍物边缘的现象，这就是声波的衍射。衍射量随着声波波长的增加而增加。当声波通过带有小开口的屏障时，可以观察到衍射现象。

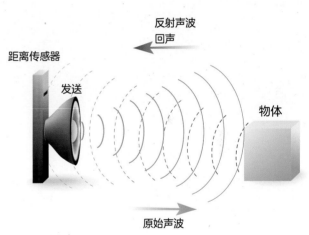

距离传感器

发送

反射声波
回声

物体

原始声波

🔊 回声和混响是由声音反射引起的现象。

🔊 与光一样，声波也会发生折射。

听觉物理学

听觉是对声音的感知。通过听声音，人们可以收集很多信息，比如声音发出的方向、音高和响度；还可以检测声音的质量，例如是悦耳的还是刺耳的。耳朵是负责听觉的人体器官。

听力范围

人类的听力范围是20～20000赫兹。超出这个范围的声音，人类是听不见的。虽然我们听不到低于20赫兹的次声波，但可以感觉到它的振动。少数人能听到略高于20000赫兹的超声波。

对声音频率的感知称为音高。一般来说，儿童对高音的感知能力要比成人强。随着年龄的增长，儿童对高音的感知能力会下降。虽然我们听不见超声波，但我们可以通过电或磁来产生超声波。

狗能听到频率高达30000赫兹的声音。蝙蝠和海豚能感知高达100000赫兹的声音。大象能听到20赫兹以下的声音。

次声波
20赫兹以下

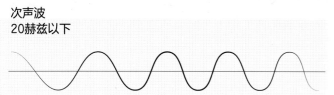

可听频率
20～20000赫兹

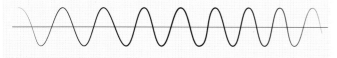

超声波
20000赫兹以上

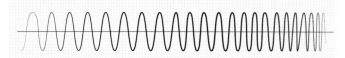

测量声音

单位时间内通过某个区域的声波能量被称为声强。在计量声音的时候，我们使用"分贝"作为单位，缩写为"dB"。

"分贝"是两个数值的对数比率，它根据声波压力的增加来测量声音，即将某一个声压值定义为"标准值"（0分贝），这是一个固定的值；任何一个被测量的声压值，与这个标准值相除，取结果的对数（以10为底），再乘以10，其计算结果就是这个声音的分贝值。

"方"是声音的另一个度量单位。它用于个体对声音响度感知的计量。"方"和"分贝"的区别在于，前者是响度感知的量度，后者是声音强度的量度。

🔊 低于和高于人类可听见范围的声音被称为次声波和超声波。

"宋"是另一种计算声音响度的单位。声音每增加10方，相当于响度增加1倍。而1宋响度相当于40方的响度。

以下是一些声音及其对应分贝值：

180分贝：火箭升空时

130分贝：飞机起飞时的喷气发动机

120分贝：响亮的摇滚乐

110分贝：雷声

90分贝：繁忙都市里的道路噪声

80分贝：较大声的音乐

60分贝：常规对话

30分贝：轻声细语

0分贝：人耳可听到的最低、最柔和声音

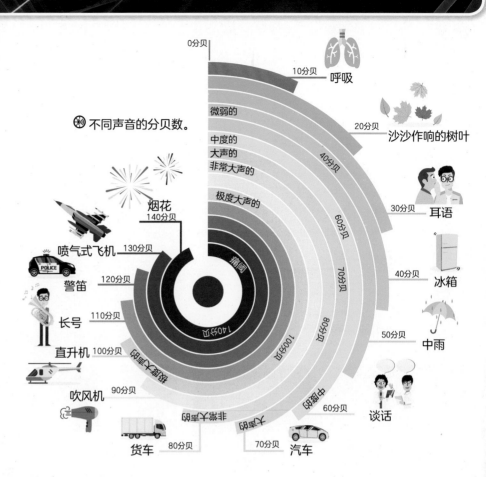

◉ 不同声音的分贝数。

微弱的
中度的
大声的
非常大声的
极度大声的

0分贝
10分贝 —— 呼吸
20分贝 —— 沙沙作响的树叶
30分贝 —— 耳语
40分贝 —— 冰箱
50分贝 —— 中雨
60分贝 —— 谈话
70分贝 —— 汽车
80分贝 —— 货车
90分贝 —— 吹风机
100分贝 —— 直升机
110分贝 —— 长号
120分贝 —— 警笛
130分贝 —— 喷气式飞机
140分贝 —— 烟花

痛阈

进入耳朵的声音

声音进入耳朵通过狭窄通道到达耳鼓。受到声波的冲击，耳鼓发生震动。这些振动随后被传递到中耳的三块小骨骼上。这些骨骼的功能是放大声音的振动，并把它们传送到一个充满液体的结构中，称为耳蜗。这些振动会产生涟漪效应，刺激毛细胞的运动，引起化学物质的释放，最终电波信号被传输到人体大脑中进行感知。

◉ 耳朵由许多收集和传递声音的部件组成。

锤骨 砧骨 镫骨前庭窗
前庭阶
耳蜗管
声波
耳道 鼓膜 蜗窗 科蒂器 基底膜 鼓室阶

运动

　　运动是有关物体改变位置的活动或移动。对运动的研究被称为力学。对运动及其力的研究被称为动力学。运动有很多类型，包括无规则、平移、旋转和简谐运动。

① 无规则运动　② 旋转运动　③ 简谐运动

直线运动　　　　曲线运动　　　　圆周运动

④ 平衡运动

🔊 运动可以分为不同的类型。

什么是运动?

　　在我们生活的世界里，充满了各种粒子、原子和分子，它们都在不停地运动。行星围绕着太阳旋转，而太阳系又在太空中穿梭。在原子水平上，电子不断地围绕原子核旋转。运动可以是匀速的，也可以是非匀速的。匀速运动是物体沿直线运动，而非匀速运动是沿着无法预测或精确测量的路径运动。

🔊 抛向空中的石头做的是曲线运动。

平移运动

　　平移运动是指在同一平面或空间内，所有物体都按照某个直线方向做相等距离的移动。生活中，一个滚动的球、一颗从枪里射出的子弹、一辆在路上行驶的汽车和一个骑自行车的人沿着直线行驶都是做的平移运动。平移运动并不是只有直线运动，也包括曲线运动。一辆汽车在拐角处倒车，或者一块石头以一定角度抛掷，都是曲线运动的例子。

旋转运动

当一个物体围绕中心轴移动，并且它的不同部分在给定时间内以不同的距离移动时，该物体所做的运动就是旋转运动。旋转木马、风扇叶片和风车做的都是旋转运动。物体绕其旋转的中心轴称为旋转轴。直线运动是通过位置的变化来测量的，而旋转运动是通过角度的变化来测量的。

⊛ 纸风车展示的是旋转运动。

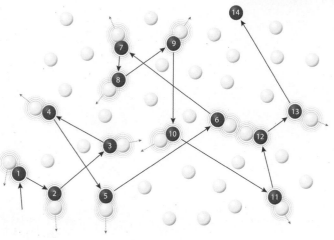

⊛ 粒子的无规则运动也称为布朗运动。

无规则运动

并非自然界中发生的所有运动都是均匀的或周期性的。无规则运动，也称为非周期性运动，在给定时间内，我们无法对做无规则运动的物体的位置移动进行预测。例如，气体分子做自由运动，并与它们所遇到的其他分子发生碰撞。同样，原子中电子的运动也是不可预测的。布朗运动是指悬浮在液体或气体中的微粒相互碰撞时的运动，是无规则运动的经典例子。

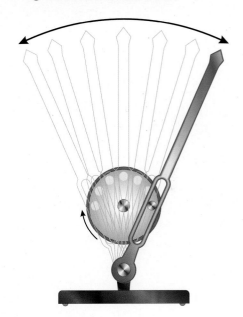

⊛ 摆动杆在做简谐运动。

简谐运动

物体在两个位置之间的重复和波动运动，就是简谐运动。简谐运动的典型例子是钟摆。简谐运动具有周期性，物体完成一个完整振荡或做一次全振动所需的时间叫作振动周期。简谐运动的研究在物理学中非常重要，特别是在波和电磁辐射方面。

相对论

借助英国物理学家艾萨克·牛顿所提出的运动三大定律，我们可以预测规则的物体运动。不过，这些定律不适用于高速运动的微小粒子。接近光速的运动需要用另一位著名科学家阿尔伯特·爱因斯坦所提出的相对论进行解释。在微观物体的运动中，光的波动特性也被考虑在内。所有类型的运动都被认为是相对的，也就是说，它们是根据参考系的运动状态被定义为不同的运动状态的。

⊛ 爱因斯坦被认为是相对论的奠基人。

力和运动

力是物体对物体的作用，力不能脱离物体而单独存在。力会使物体改变运动状态或改变形状。根据惯性定律，运动或静止的物体在没有外力作用下，能够保持其状态。力在物体运动中起着关键作用。

力对运动的影响

力作用在物体上，使其运动加快或改变方向。由于惯性的作用，施加一个初始力就足以使物体移动。例如，火箭需要外力来帮助它升空并逃离地球的引力。一旦达到平衡后，它将继续保持其运动状态，直到另一个力量作用让它停止。

我们通过观察物体运动，很容易识别施加在物体上的力的类型。例如，一个球被抛向天空几秒钟后落下来，我们知道是地球的引力作用。一个滚动的球最终会因为摩擦力的作用而停下来。

◎ 拉力和推力是两种常见的力。

在几乎所有的情况下，在任何给定时间内，作用在物体上的力通常不止一种。有时，有许多不同的力从不同的方向同时作用，来实现推或者拉。而有些时候，所有的力量汇聚成一股巨大的力量。

在有些情况下，力相互抵消，达到平衡。悬索桥就是力达到平衡的一个例子。在某个时间内，通过悬索桥的车辆所受到的地球的重力，与悬索桥的拉力（称为张力）达到平衡。

◎ 悬索桥缆索的拉力和重力达到平衡。

力的类型

力有很多种类型。下面列出了其中的一些：

向心力：作用在圆周运动物体上的力，指向圆的中心，称为向心力。

离心力：作用在圆周运动物体上的力，指向远离中心，称为离心力。

引力：任意两个物体或两个粒子间的与其质量乘积相关的拉力。对同物体而言，质量越大的东西产生的引力越大。引力通常指的是，恒星、行星和卫星等大质量物体对其他质量较小的物体的拉力。

◉ 摆动的球受到向心力作用。

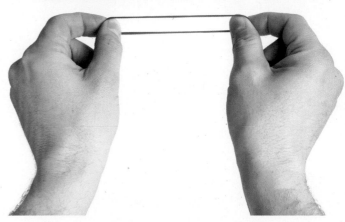

◉ 由于弹力作用，被拉伸后的橡皮筋可以恢复到原来的形状。

◉ 重力作用于地球上的所有物体。

张力：作用在物体上使其拉伸的力。

空气阻力：空气对运动物体施加的使其减速的力。

摩擦力：两个相互接触的物体发生相对运动时，在接触面上产生的阻碍相对运动的力。

弹力：作用于弹性材料（如泡沫或橡胶）上，使其恢复原来的形状的力。

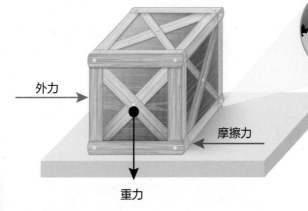

外力

摩擦力

重力

◉ 摩擦发生在两个表面相互接触并产生相对运动时。

百科档案

用机油润滑发动机和各种机器，可以减少摩擦力及其所引起的磨损。

增强力量

使用杠杆、滑轮、轮子、齿轮和坡道，可以增加作用在物体上的力。这些设备被称为"简单机械"。我们的身体能力有限，但使用简单的机械组合可以帮助我们完成许多看似不可能完成的任务。例如，挖掘机、起重机、推土机和收割机等工业机器，能够快速有效地执行各种任务。所有这些机器，几乎都配备了强大的液压臂（充液气缸），上面带有挖掘机或其他装置，可以轻松完成工作。

速度和加速度

　　运动有许多不同的物理定义，例如速度、加速度和动量。速度是衡量运动的最基本的参数，它是指运动物体在单位时间内通过的位移。

速度

　　"速度"在英语中有两个单词表示：Velocity是一个矢量，是用起点与终点间的直线距离除以所用时间所得的量，并注明方向；Speed是一个标量，是用起点到终点的直线距离除以所用时间所得的量，且不标明方向。"速率（Speed）"不能传递物体运动的全部信息，但"速度（Velocity）"能。因为Velocity包括物体运动的方向，因此在使用中更为有效。瞬时速度是表示一瞬间的速度和方向的量。一开始，这似乎不是一个重要的测量值，但它在准确测量平均速度时很有用。例如，如果你计算一辆汽车从一个地方行驶到另一个地方的平均速度，那它在交通堵塞时的瞬时速度也需要考虑。

Speed是你行驶的快慢

这辆汽车以每秒20米的速度行驶

Speed是一个标量，表示物体移动的快慢

Velocity是运动方向上的速度

这辆车以每秒20米的速度向东行驶

Velocity是一个矢量，表示物体沿一定方向改变位置的快慢

加速度

　　速度的变化率称为加速度。当一个物体改变了它的速率，或同时改变速率和方向，我们就说它在加速。以恒定速度沿直线运动的飞机，它的加速度为零。然而，当它从高空下降并着陆，因为改变了速率和方向，它就在做加速。只是它的速率下降，这种速度的变化率称为负加速度。

◉　Speed只表示物体运动的快慢，而Velocity除了表示快慢，还能表示方向。

◉　即将降落的飞机获得了负加速度。

　　当物体受到恒定的外力作用时，物体会得到恒定的加速度。重力就是这种现象的最好例子。重力给地球上的所有物体都施加了一个恒定的吸引力。

法国科学家笛卡尔是第一个提出动量概念的人。

动量

一个物体获得动量，就会随着速度的增加而运动。物体获得的动量越大，就越难通过施加足够的力使它停止。动量是与物体的质量和速度相关的物理量，以其质量和速度的乘积来计算。首先提出动量这一概念的是法国科学家笛卡尔。

动量还能表示物体的质量和运动的方向。物体是由许多粒子组成的，整体的动量等于所有粒子的动量之和。物体的动量等于物体质量和速度的乘积。

球获得的动量越大，阻止它需要的力量就越大。

逃逸速度

逃逸速度是指物体为了逃逸大质量天体（例如行星或月球等）的引力束缚所需的最小速度。逃逸速度与星球的质量密切相关。星球的质量越大，其引力就越大。火箭从月球表面逃逸的速度比从地球逃逸的速度要慢。木星的质量是地球的几倍，引力更大，因此逃逸速度更高。

火箭必须以足够快的速度起飞，才能避免受到地球引力的束缚。

百科档案

从地球发射出的物体至少要以每小时11.2千米的速度飞行，才能摆脱地球引力，飞到地球以外,否则只能在地球引力场中围绕地球运动或落回地面。

牛顿运动定律

英国物理学家和数学家艾萨克·牛顿提出了三大运动定律和万有引力定律，描述了一切物体的运动规律和宇宙天体的运行规律。虽然在原子和亚原子领域，量子物理学已经取代了牛顿定律，但牛顿定律依然广泛适用于大型天体的运动。

▲ 艾萨克·牛顿是世界上最有影响力的物理学家之一。

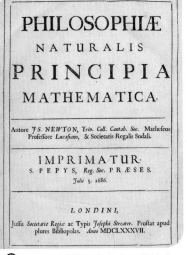

🌐 牛顿在其著作中发表了他的定律，这本书最初叫《原理》。

《原理》

艾萨克·牛顿被认为是世界上最有影响力的科学家之一，他是一位对数学、天文学和物理学有着浓厚兴趣的博学家。他的著作《自然哲学的数学原理》主要由三卷组成。这本书最初是用拉丁文写成的，书名就叫《原理》，其中包含了他关于大型天体的引力和经典运动定律的研究。它被认为是科学史上最有价值的著作之一。

牛顿提出了一套运动定律来解释行星、彗星、潮汐和其他物理现象。他的定律最终帮助确认了日心说模型。牛顿定律已经经过多位科学家独立地证实，并且发现在所有情况下都成立。

牛顿第一运动定律

第一运动定律指出：处于匀速运动或静止状态的每一个物体都倾向于保持这种状态，直到外力迫使它改变运动状态。

这个定律类似于伽利略所提出的惯性概念，也就是所谓的"惯性定律"。根据牛顿第一定律，物体在不施加外力的情况下不能开始、停止或改变运动。鹅卵石在结冰的湖面上滑行，最终会停止，是因为有摩擦力在作用。

静止的物体保持静止不动。

受不平衡力作用的物体改变速度和方向。

运动中的物体保持运动。

受不平衡力作用的物体改变其状态。

静止的物体保持静止不动。

受平衡力作用的物体依然保持静止。

受不平衡力作用的物体改变速度和方向。

牛顿第二运动定律

　　牛顿第二运动定律描述了物体运动状态的变化和对它作用的力之间的关系，可以用公式"力＝质量×加速度"来表示。科学家用牛顿第二运动定律来描述大型天体的引力和运动规律。当星球受到一个恒定的力作用，它会获得恒定的加速度，并朝着外力的方向运动。

　　牛顿第二运动定律描述的是受到不平衡力作用的物体。如果一个物体受到的所有力都是平衡的，这个物体不会加速。只有不平衡力作用在物体上时，物体才能加速，并且力的增加也会增加其加速度。

力　　　　　　　　质量　　　加速度　　　　　　　力　　　　更多质量　　加速度降低

速度增加　　　　　　　　　　　　　　　　　速度增加减慢

牛顿第三运动定律

　　在牛顿三大运动定律中，最著名的是第三运动定律，它指出：每个力都有一个大小相等、方向相反的反作用力。

　　火箭发射时，下面的燃料被点燃，膨胀的废气向外喷出，同时将火箭向上推。如果你站在滑板上向前方扔球，你会明显感觉到自己受到向后移动的反作用力。如果你站在地上扔球，你给地球施加了向后的作用力，但由于地球太大，所以你几乎感觉不到。

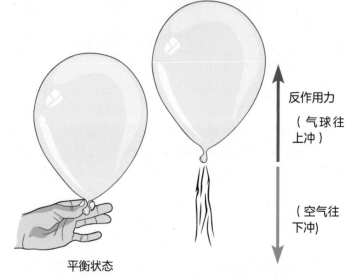

反作用力
（气球往上冲）

（空气往下冲）

平衡状态

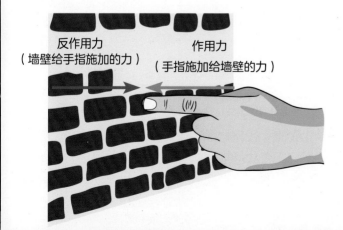

反作用力　　　　　　作用力
（墙壁给手指施加的力）　（手指施加给墙壁的力）

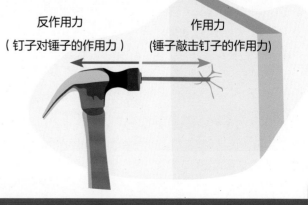

反作用力　　　　　　作用力
（钉子对锤子的作用力）　（锤子敲击钉子的作用力）

动量

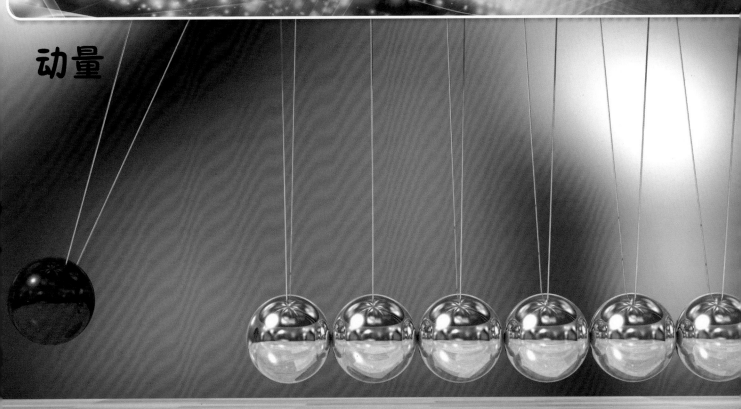

任何运动中的物体都有动量。简单地说，动量是指物体在运动中所获得的力。物体的动量可以引起碰撞。在同一路径上移动的两个物体往往会相互碰撞。发生碰撞后的物体又有了新的动量。

什么是动量?

物体的动量是其质量和速度的乘积。所以，根据这个公式，一个轻的物体或者一个缓慢移动的物体，它们的动量较低。以保龄球和乒乓球为例，保龄球的质量更大，获得有更大的动量，所以比乒乓球更有可能击倒保龄球瓶。

宇宙中的大多数物体都有动量，因此，除非遇到障碍物使它们改变方向，否则它们会朝着特定的方向保持运动。

🔊 保龄球撞瓶是一个运动物体发生碰撞的例子。

碰撞及其类型

两个运动物体相遇时发生碰撞。当物体碰撞时，它们会短暂地受到力的作用。这个力改变了物体的动量。碰撞的类型有两种:

弹性碰撞：任何物体在碰撞后形变能够恢复，不发热、发声，没有动能损失的，都是弹性碰撞。台球桌上发生的碰撞就是弹性碰撞。

🔊 台球在台球桌上运动时会发生弹性碰撞。

非弹性碰撞：两个物体发生碰撞，能量有损失的，就是非弹性碰撞。即使动量守恒，动能也会丢失。自然界中发生的大多数碰撞都是非弹性碰撞。例如，子弹穿透木头就是非弹性碰撞。

动量守恒定律

动量守恒定律指出：如果两个物体不受外力或外力总和为零时发生碰撞，碰撞前的总动量等于碰撞后的总动量。一个物体所失去的动量转移到另一个物体上。

🔊 子弹部分穿透木头是一种非弹性碰撞。

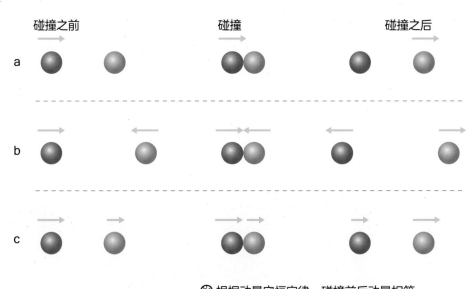

碰撞之前	碰撞	碰撞之后
a		
b		
c		

🔊 根据动量守恒定律，碰撞前后动量相等。

百科档案

地球上的空气和水能产生摩擦力，使有动量的物体逐渐停止运动。

当作用在物体上的力的总和为零时，我们称之为动量不变。在弹性碰撞中，如一个球撞击地面并反弹，没有动能损失，物体的能量和动量仍然是守恒的。在非弹性碰撞中，以一块黏土为例，动能不会损失。当它撞击地面时，其能量会转换成热、声或光。

爆炸

爆炸是指物体以极快的速度将其内部所含有的能量释放出来。例如，当一枚炸弹爆炸时，飞出的碎片就具有动量。如果测量单个碎片并求和，应该与物体的总动量相等。爆炸跟碰撞一样，事件前后的总动量保持不变。

🔊 爆炸使每个碎片获得动量。

电的概述

电与静止或流动的电子有关。"电"的英文单词"ELECTRICITY"源自希腊语"ELECTRON"，意思是"琥珀"。我们用电为家用电器供电，也为大型工厂和企业提供能源。从不同的来源所产生的电力，可以满足住房、公共资源和工业的需求。

电的性质

我们周围的一切物质都是由原子组成的。原子有一个包含质子和中子的原子核，电子围绕原子核旋转。原子核带有正电荷（质子带正电荷，中子不带任何电荷）。电子带负电荷。由于电荷相反，电子和原子核相互吸引。

在导电材料中，电子可以从一个原子移动到另一个原子。通常，电子在原子内部朝各个方向上不规则地运动，因此没有多余电荷的运动，也就无法产生电子的流动。当自由电子沿一个方向移动或流动时，就会产生电流。

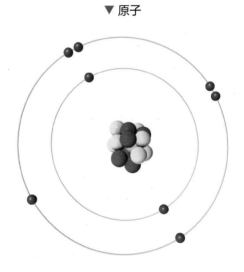

▼ 原子

▼ 闪电

了解电的历史

早在了解电之前，人们就已经观察到了闪电，在惊叹于它的威力的同时，也好奇它是如何击中某人或某物的。不同时期的古人还观察到某些鱼和刺鳐也能引起电击。

公元前600年，希腊哲学家米利都人泰勒斯在摩擦皮毛和琥珀时发现了静电现象，并用琥珀吸住了小碎片和灰尘。

发现磁的科学家威廉·吉尔伯特，也是后来提出术语"电学"一词的人。后来，在18世纪，本杰明·富兰克林进行了许多电力实验，其中最著名的是他在闪电风暴中，用风筝和钥匙来证明闪电本质上是电。

紧随其后，还有许多人在研究电及其应用方面发挥了重要作用。亚历山德罗·沃尔塔发明了电池。迈克尔·法拉第对电进行了广泛的研究，发明了电动机。托马斯·爱迪生和尼古拉·特斯拉也在电力领域作出了重要贡献。爱迪生发明的电灯、特斯拉发明的交流电系统，目前已经被广泛使用。

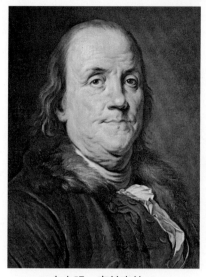

▲ 本杰明·富兰克林

▲ 迈克尔·法拉第

电的类型

静电和电流是电的两种类型。

静电：一种处于静止状态的电荷。某些材料表面所积聚的电荷（正电荷或负电荷），就是静电，例如摩擦起电。静电的作用可以通过火花、冲击或材料的附着来观察。

电流：当电子在导电材料中朝一个方向流动时，就会产生电流。

▲ 电塔

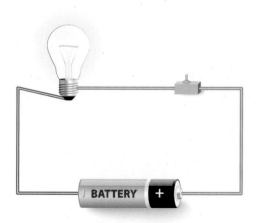

▲ 电路

趣味知识

当开关打开时，线路中的电子以接近光速的速度流动，即3×10^8米/秒！

静电

静电是由于某些材料表面的电荷积聚而产生的。当这些材料在一起发生摩擦以后被分开，一种材料带正电荷，另一种材料带负电荷，由此产生的不平衡引起静电现象，并以可见的形式表现。

静电

静电之所以这样命名，是为了区别于有电子流动的电流。静电的产生需要两种材料，一种材料有多余的电子或负电荷，另一种材料因为失去电子而获得正电荷。因此，当两种材料通过摩擦相互作用时，电子从一种材料的表面转移到另一种材料上。这种效应被称为"摩擦起电"。

自然界中的静电

在自然界中，静电是在不同的条件下形成的。通常，产生静电的理想条件需要低湿度或干燥的空气。因为当空气潮湿或含有大量水蒸气时，水分子可以附着到材料上，防止电荷积聚。

不过，雷暴云在空气中引起的极端湍流，也能够在水从云层中滴下来的时候产生静电。本杰明·富兰克林进行过一项危险的实验，他在暴风雨中用金属钥匙串放风筝，静电使钥匙产生了电火花。

◀ 头发因静电而竖立起来

静电效应

静电会产生以下的作用：

吸引：将气球在羊毛衫上用力摩擦，气球表面会带负电荷，而羊毛则会带正电荷。这时，气球可以短暂地粘在墙上，因为墙壁没有多余的正电荷或负电荷。你梳头的时候也可以观察到类似现象，梳过头发的梳子可以吸引小纸屑。

▲ 气球吸引纸屑

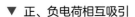

▼ 正、负电荷相互吸引

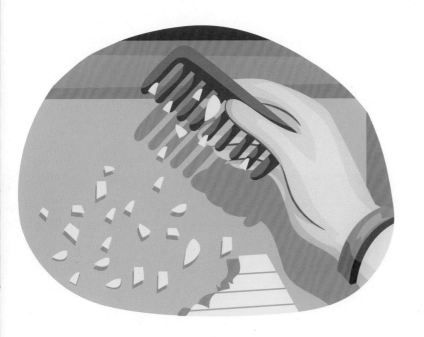

排斥：当你用塑料梳子在干头发上梳理时，梳子在这个过程中会产生负电荷。而头发上留下多余的正电荷，会相互排斥，导致头发丝会短暂竖立起来。

火花：当一种材料上有足够的正电荷而另一种材料上有足够的负电荷时，两种材料相碰会产生火花。在这种情况下，正负电荷之间的吸引力非常大，它使电子跃过两个物体之间的间隙。这样的电子跳跃能加热局部空气，这又会导致更多的电子跃过间隙。当空气变得足够热时，它会短暂发光，从而产生火花。

趣味知识

闪电是一种超强的静电形式。闪电的温度可以达到28000℃。

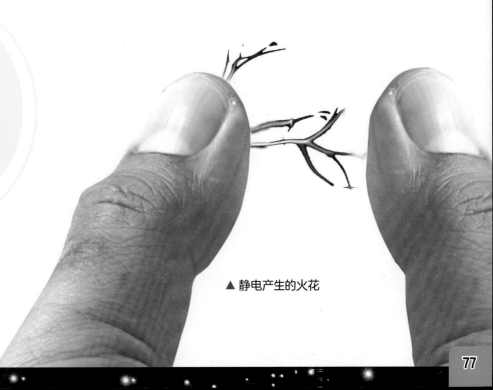

▲ 静电产生的火花

通过利用合适的材料，我们可以采取很多种方法来产生静电。静电也可以在专门设计的装置中产生，用于研究和演示。静电可以用于不同的用途。

静电装置

验电器：这是已知的最早的电气测量仪器之一。它是由威廉·吉尔伯特在1600年左右发明的。

验电器用于粗略地测量电荷的存在及其大小。这个装置通过物体的运动来检测其所带的电荷。然而，这种装置只适用于测量几十万伏以上的电压。

▲ 验电器

起电盘：这个装置是由瑞典科学家约翰·卡尔·威尔克在1764年发明的，后来亚历山德罗·沃尔塔改进了它的设计。起电盘不仅产生静电，并且由于静电感应使得金属板可以保持带电。先通过摩擦，使绝缘平板带正电，然后与一块金属板接触，因静电感应，金属平板靠近绝缘平板的一侧带负电，另一侧的正电因接地而消失。这个装置可以用来演示静电是怎么产生火花的。

▲ 起电盘

▶ 维姆胡斯特起电机

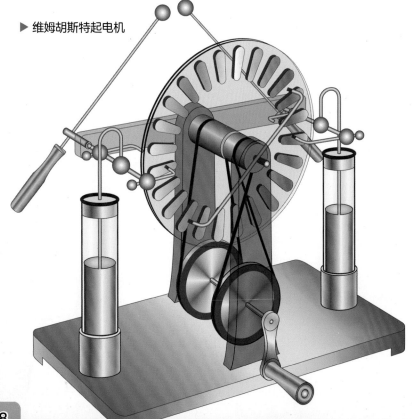

维姆胡斯特起电机：现代版本的维姆胡斯特起电机最初发明于19世纪80年代，由两个塑料圆盘组成，这两个圆盘通过曲柄或皮带驱动结构朝相反方向旋转。当圆盘转动时，金属箔扇区被充电，积累的电荷被传输到存储电容器。这台起电机能产生高达75000伏的电压。尽管电压很高，但电流很小，所以并不危险。这种起电机可以用于产生火花和进行静电实验。

范德格拉夫起电机：这台起电机由两个滑轮和一条皮带组成，由高速电动机驱动。下滑轮是绝缘材料，上滑轮是金属的。传送带的高速运动使大量电荷聚集，产生大约40万伏的高电压。大型起电机还可能产生火花，有时火花大到可以穿过房间。

▲ 范德格拉夫起电机

静电的应用

通常，我们简单地以为静电只对研究和演示有用。但实际上，静电还有一些其他的用途：

汽车油漆：汽车制造商用静电来给汽车喷漆。汽车表面首先做好处理，然后放进喷漆室里。经过特殊处理的带电油漆以细雾的形式喷出。带电粒子被吸引到汽车表面，均匀地黏附在车身上。干燥后的漆均匀分布，这是手工喷漆无法达到的效果。

复印文件：标准的复印机是利用静电原理复印文件的。带电墨水被用来按需求附着在纸上的某些位置上。

污染控制器：这种装置可以将空气中带电的灰尘颗粒收集到装带有相反电荷的平板上，它被用来清除布满污垢和灰尘的空间。这种装置被称为静电除尘器。

烟囱：在产生烟雾的工厂里，静电被用来减少空气污染。烟雾经过处理后带上电荷，这样它就可以附着在相反电荷的电极上。于是烟雾被控制在烟囱里，而不会释放到空气中。

空气净化器：其工作原理类似于烟囱中的污染控制器。这些装置能够从烟雾、灰尘和花粉中去除电子，然后这些带正电的粒子被吸引到空气净化器中的负电荷板上，从而产生更清洁的空气。

趣味知识

范德格拉夫起电机，虽然可以产生高电压，但其电流却只够点亮一个4瓦的灯泡。

◀复印机

电流

电能从一个地方移动到另一个地方，以便为设备供电，这种移动称为电流。电流是由电子在适当的导电材料中的定向运动产生的。

▲ 电线

电流和电压

带电粒子（电子）在导电材料中从一个位置移动到另一个位置，就会产生电流。电子沿着一条特定的路径运动，这条路径有可能是由铜、铝或银等导电材料制作而成的。

电流大小取决于电荷流过导体的速度。就像水泵可以用来迫使水流过管道，外部电源（如电池）可以用来推动自由电子更快地通过导电材料所形成的特定路径。如果在一秒钟内越多的电子通过某个特定的点，那么电流就越大。电流的单位是安培。

电压是表示电路中两点之间电势差的物理量，以伏特为单位。

趣味知识

电线上的小鸟，只要它的翅膀或腿不接触另一条电线，它就是安全的。如果它的翅膀或腿接触到另一条电线，那么一条闭合的电路就会形成，并导致小鸟触电。

◀ 电线上的小鸟

电阻

导体中任何阻碍电子运动的作用都称为电阻。如果导线很细，电子没有足够的空间流动，在这种情况下，细导线具有高电阻。相反，粗导线为电子的运动提供了足够的空间，电阻就低。电阻以欧姆为单位。

简单地说，电阻是指任何阻碍电子流动的作用。以一个电路中的灯泡为例，灯泡实际上就是一个电阻。它消耗了流过电路的电，将电能转化为光能。

电流的应用

通讯设备：通过电力远距离传输信号，有人便发明了摩斯电码和电报。

光源：家庭用电的第一大用途是照明。电灯发明之后，灯和灯具得到了不断的改进。

电池：电池能够将化学能转化为电能，用于给电子游戏、遥控玩具、手电筒和其他小型设备供电。

▲ 电灯

▲ 电动机

电动机：电动机可用于驱动许多电器，包括电动工具、水泵、车辆和工业机器。电动机把电能转换成机械能。

医疗用途：许多用于诊断和治疗病人的机器需要电力。这些医疗诊断设备包括心电图机、X光机、扫描设备和通风系统。

发电机：所有现代设施，如医院、学校、办公楼、工厂和商店，在供电中断时都会使用发电机作为备用电源。电池可以储存电能，以供需要时使用。

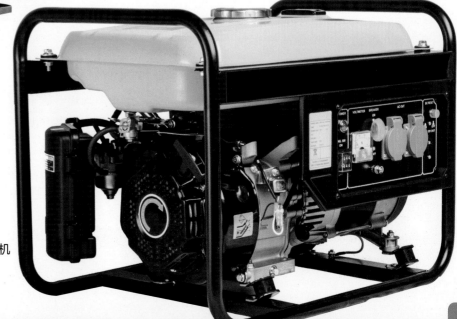

▶ 发电机

导体和绝缘体

材料根据导电能力分为导体或绝缘体。导体和绝缘体都是有用的，而且经常两者一起使用，比如电线，就是为了将实用性和安全性结合起来，同时使用了导电材料和绝缘材料。

▶ 铜线

导体

导体是允许电子在原子间自由移动的材料。当自由电子发生移动，电荷将分布在导电材料的整个表面。当导体与另一导体接触时，电荷可以通过电子的自由运动在导电材料之间转移。具有高导电性的材料被称为超导体。

导体分为几类，包括金属，如铁、银、铝和铜等；各种金属的合金，如黄铜和青铜；溶解在水中的离子盐；石墨；人体。

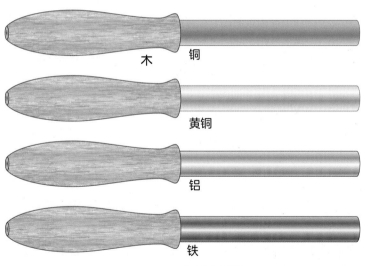

木　铜

黄铜

铝

铁

▲ 导电材料

范德格拉夫起电机有助于证明人体也是导电的。当一个人接触起电机的静电球时，球上的过量电荷会转移到人身上，并传递到其他地方，包括头发。当所有的发丝带上相同的电荷时，它们相互排斥并直立起来。

电荷分布

通过电荷相互作用的两个规则，我们可以预测电子在导电材料中的运动方向：1）相反的电荷相互吸引；2）相同的电荷相互排斥。

如果一个导体某个部分带负电荷，那么这个部分就有多余的电子。由于所有的电子都带有相同的负电荷，它们相互排斥，于是这些电子开始在导体上迁移，并均匀地分布在导体表面。

当导体失去电子而获得正电荷时，它的质子就相对过多了，但电荷相互作用的两个规则依然适用。由于质子被束缚在原子核上，不能移动，于是电子的运动有助于电荷均匀分布在导体表面。松散地束缚在原子上的电子，向带有正电荷的原子移动，直到整个排斥效应降到最低。

绝缘体

绝缘体是不善于传导电流的物质。如果电荷转移到绝缘体上，多余的电荷将停留在发生转移的位置上，而不会均匀分布在绝缘体表面，这是因为电子在绝缘体内不能自由运动。橡胶、塑料、陶瓷、玻璃、聚苯乙烯泡沫塑料、纸张和干燥空气都是绝缘体。

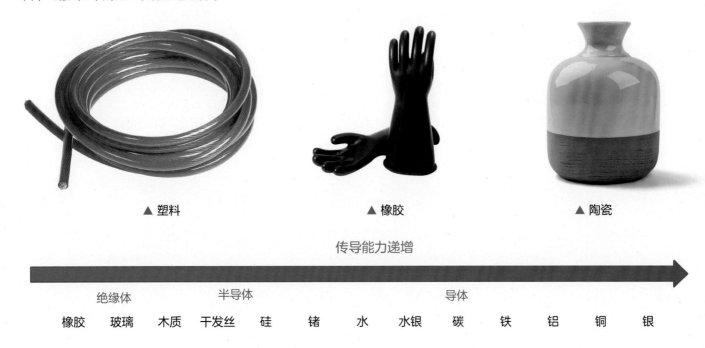

▲ 塑料　　　　　　　　▲ 橡胶　　　　　　　　▲ 陶瓷

传导能力递增

绝缘体　　　　　半导体　　　　　　　　　导体

橡胶　玻璃　木质　干发丝　硅　锗　水　水银　碳　铁　铝　铜　银

导体和绝缘体的应用

导体可用于传输电流。由于导体的导电性质，为了安全起见，导体往往被安装在绝缘体材料的顶部或用绝缘材料包裹起来。家用电器的铜线包在塑料或橡胶里是为了防止触电。为了安全操作，做实验的时候，通常是将导体安装在绝缘体上。

趣味知识

金属导体的导电率可能是玻璃的10^{18}倍!

▼ 导体和绝缘体

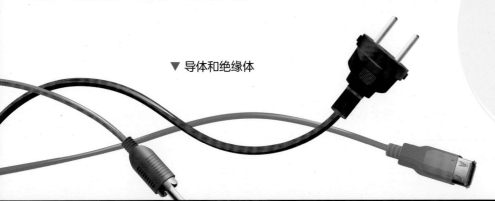

电场

当电荷在电路中从一个位置移动到另一个位置时，将对其周围区域产生一定作用和影响。这个区域就是电场。电力，像重力一样，是一种非接触力，无须直接接触就能产生作用。

电荷

只有带电粒子即电荷才会产生电场。如果带电粒子在运动，它们就会产生磁场。电场和磁场的组合被称为电磁场。当物体在电磁场中受电磁力作用，也会产生电。

电荷可以是正电荷也可以是负电荷。任何不带电荷的物质被称为中性物质。质子多于电子的物体带正电荷，而电子多于质子的物体带负电荷。

任何物体的总电荷是组成该物体的所有粒子的电荷之和。通常情况下，电荷很小且容易被忽略，因为物体是由原子组成的，这些原子通常具有相同数量的电子（负电荷）和质子（正电荷）。

电场

一个电荷会吸引或排斥另一个靠近它的电荷。这种吸引或排斥的能力存储在电荷周围的某个区域。这个区域被称为电场。所有带电粒子周围都存在电场。

范德格拉夫起电机很好地展示了带电物体如何产生电场。由于起电机所产生的电场很密集，以至于即使不碰触到静态球，你也可以感受到它周围有一种奇怪的力。

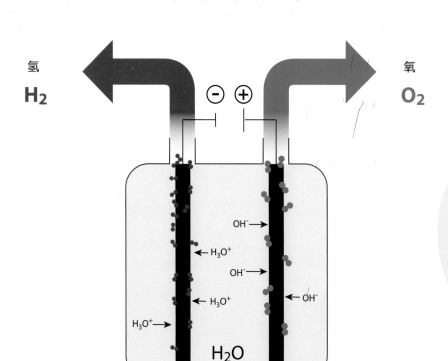

▲ 溶液中电荷的运动

趣味知识

锂离子电池是一种可充电电池。锂离子在放电时从正极移动到负极，充电时则相反。

电场线

我们可以用"电场线"来想象电场。虽然电场线是假想的，但它能帮助我们对电场进行可视化理解和描述。电场可以在没有直接物理接触的情况下发挥作用。任何带电物体在靠近电场时都会以某种方式改变电场。带电物体进入电场越多，效果就越明显。

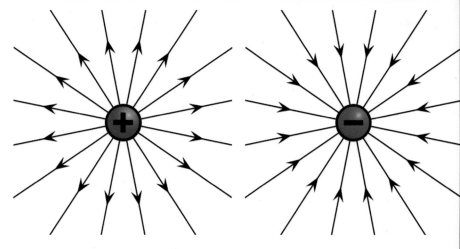

▲ 电场线

电场线可以表示一个正电荷或负电荷在另一个电荷的作用下移动的方向。带正电荷的物体周围的电场线向远离物体的所有方向辐射；带负电荷的物体周围的电场线向靠近物体方向辐射。

当一个带有相反电荷的物体靠近时，电场线就会连接起来；而带同样电荷的物体彼此靠近时，电场线将永远不会连接。如果要使电场中的电荷远离其原来的方向，必须施加特定的外力。

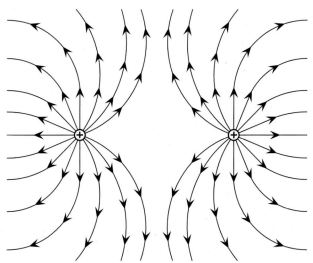

▲ 相斥

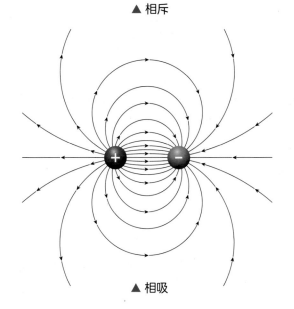

▲ 相吸

电场力的性质

电场力是保持电子与原子核结合的基本因素。正是这种力使元素之间形成化学键，从而构成分子。

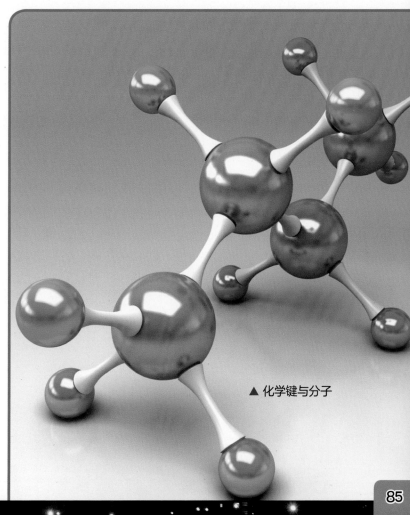

▲ 化学键与分子

直流电和交流电

电流主要有两种：直流电和交流电。它们主要区别在于电流流动的方向不同。根据需要，这两种类型的电流有不同的应用。

直流电

在直流电中，电流是单向的，不会周期性地变化。直流电用于给电器设备供电和给电池充电。燃料电池、太阳能电池和蓄电池产生的都是直流电。电动汽车、手机、手电筒和平板电脑都使用直流电。

▶ 太阳能电池

▶ 电池

在直流电中，电子缓慢但连续地向一个方向移动，并从一端移动到另一端。电压保持恒定或几乎恒定。例如，1.5伏电池所提供的电压始终为1.5伏。同样，正极将始终保持正极，负极也始终保持负极。因此，电子只会朝一个方向移动。

趣味知识

迈克尔·法拉第在1832年第一次用他的发电机测试交流电。

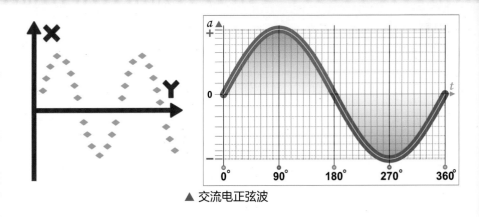

交流电

　　顾名思义，交流电会周期性地变换方向。交流电是最常用的电流类型，是家庭和商业等场所的首选。它可用正弦波曲线来表示。波或曲线代表以赫兹为单位的交流电周期。

　　交流电中的电压会周期性地变换，每当电压发生改变时，电流的方向也会改变。在世界各地的配电系统中，电压每秒变换50或60次。交流电中的电子在流动中"没有移动"，而是来回摆动，也就是说，它们朝一个方向移动，又掉头回来，然后在相反的方向上以相同方式运动，这样运动的效果等效于它们没有移动。

　　交流电之所以是远距离传输电能的首选，是因为它的效率高。直流电在长距离传输时损失的电能比交流电大。

　　牛顿摆的工作原理可以解释交流电是如何工作的。该装置由一个木制框架和一系列金属球组成，这些金属球以一种相互接触的方式悬挂在一起。如果最边缘的一个球被拉起再放开，它会向前摆动，推动另一端的球摆动，而另一端的球又会反击。在球静止之前，这种交替运动可以持续很长时间。

　　交流电中的电压保持方向不断变换，电压不断变化，从最大正极到零，然后到最大负极，然后回到零，不断重复。交流中的电子朝一个方向运动，然后再反向运动，如此不停地反复运动。

　　在电网中，变压器用于将低电压转换为高电压（约100万伏），使其更容易实现远距离传输，到达目的地后再用变压器将其降回较低的电压，以便分配给家庭使用。

▲ 交流电正弦波

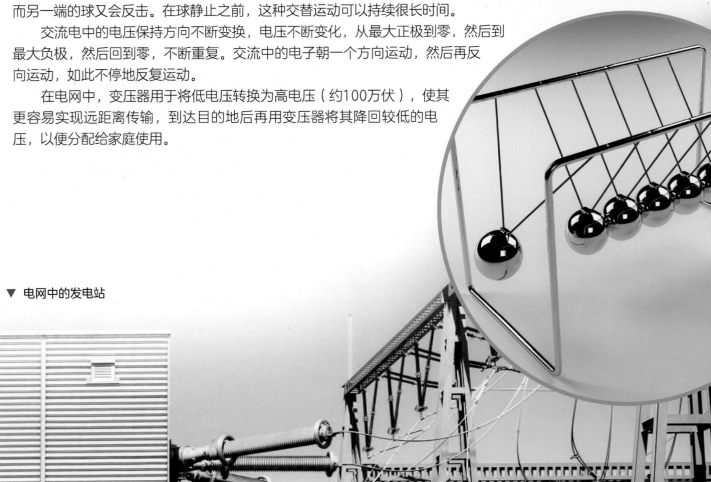

▼ 电网中的发电站

电子产品

如今，在我们的生活中电子产品无处不在，从存钱到飞机导航，再到心跳监测。电子学是研究电子以处理信息和控制电子设备的科学。电子技术促进了计算机技术和机器人技术的发展。

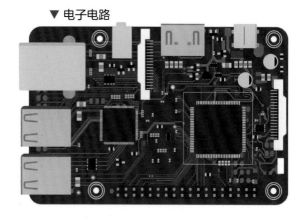

▼ 电子电路

电与电子的区别

电是指电路中的电子流动，可为电动机或电器提供能源。一般来说，这些电器设备需要大量的电能来实现其功能，因此需要很大的电流。而电子设备只需要微小电流为其元件供电。理论上，在微小而复杂的电子电路中，单个电子可以被精确控制以处理电子信号。如果一个电水壶的工作电流是10安培，那么一个电子元件需要的电流还不足1毫安。

模拟和数字信号

电子设备可以以模拟或数字形式存储信号。过去的无线电都带有天线，这种天线用于捕捉从无线电台发射出的无线电波信号。声音或音乐被转换成相对应的无线电波来传播，最终这些信号又被转换成我们可以听到的声音。这是模拟信号的原理，但与现代收音机的工作原理不同。信号以数字格式编码经传播后被接收，然后再转换成声音。数字电子产品包括智能手机、助听器、照相机、电脑和平板电脑等所有类型的现代电子设备。

▼ 电子设备

电子电路

电子设备的功能不仅取决于其内部的元件，而且取决于这些元件在电路中的排列方式。最简单的电路是连接两个元件的连续回路，而复杂的电路可以在两个以上的元件之间通过不同的方式连接。

一般来说，模拟信号设备的电子电路比数字信号设备的电路简单。例如，一个晶体管收音机有一些组件和一块大约书本大小的电路板。而计算机的电路要复杂很多，有数百万条独立的通路。一个复杂的电路能够执行更为复杂的操作任务。

电路板

在实验室里，一个简单的电路可以用短铜缆连接电子元件来组装。然而，当一段铜缆连接多个元件时，就很难将它们组装起来。为了解决这个问题，元件以系统的方式排列和组装在电路板上。

电路板是一块长方形的塑料板，一面有铜连接轨，板上有许多小孔可用于连接元件。连接方法是：将元件引脚穿过小孔，通过铜轨道将部件连接在一起，在必要时也可以切断多余的部分，还可以增加导线进行额外的连接。这种基本类型的电路板也被称为"面包板"。

在批量生产的电子设备中，使用的不是这些手工组装的面包板，而是使用工厂制造的塑料电路板，其表面是化学印刷电路。电路上的铜箔导电层也在大规模生产中自动创建，然后将它们推入预钻孔并固定到位。这样的电路板被称为印刷电路板（PCB）。

▲ 面包板

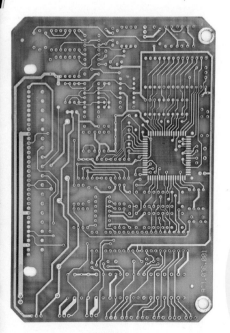

▲ 微芯片

微芯片

微芯片的发明，开启了信息技术领域的一场革命。电子元件的微型形式被称为集成电路。微芯片是将数百万个微型元件集成到一个比人的指甲还小的芯片上。正是这些微芯片，使得制造更时尚、更快速的电脑和手机成为可能。

趣味知识

电路板上的电子元件是用一种叫作焊料的导电材料来进行固定的。

电子元件

电子设备由许多具有不同功能的微小部件组成，并通过电线或金属连接器连接在一起。这些部件组合在一起，用于不同的电子设备中，发挥出各种不同的功能。

尽管各种电子元件有不同，但它们有一个共同点：无论它们执行什么功能，其间流动的电子都需要以非常具体的方式加以控制。所有的固体部件都是由部分导电材料和部分绝缘材料组成。这种由导电和绝缘材料组成的元件被称为半导体。

一些常见电子元件包括：

电阻器是所有电子电路中最简单和最基本的部件。电阻器的主要工作是限制电子的流动，从而控制电路中的电流。电阻器的作用是通过将电能转换成热能来实现的。电阻器有不同尺寸。

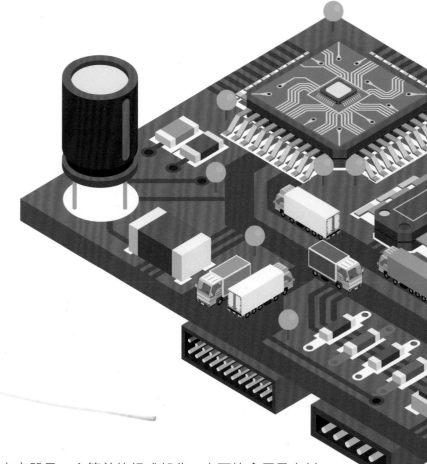

▲ 电阻器

▲ 可变电阻器

电容器是一个简单的组成部分，由两块金属导电材料组成，称为"极板"，并由一种被称为"电介质"的绝缘材料隔开。电容器可以像电池一样储存电能。当给电容器充满能量时，被称为"充电"；当它释放能量时，被称为"放电"。电容器所储存的电能被称为"电容"。它们常用于计时装置，也可用作电视机和收音机的调谐装置。

▶ 电容器

晶体管是由硅制成的微型电子元件，可以用作放大器或开关。晶体管可以在一端输入少量电流，通过放大作用产生更大的输出电流。因此，晶体管对于助听器的效果很有帮助。

由于晶体管也可以起开关的作用，它们也是内存芯片的主要组成部件。晶体管连接在一起，构成一种部件叫逻辑门。这种逻辑门在逻辑运算中很有用。一个典型的芯片通常有数十亿个晶体管可以执行复杂的打开或关闭的任务。

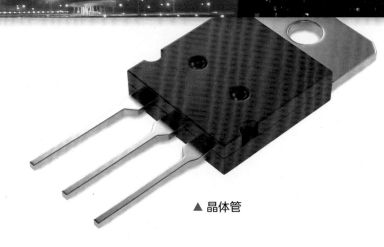

▲ 晶体管

二极管也是一种电子元件，它只允许电流沿一个方向流动。二极管也被称为整流器。二极管在把交流电转换成直流电时很有用。二极管类似于电阻器，但工作方式不同。电阻器可以以任何方式插入电路板，而二极管只能以特定的方向插入。

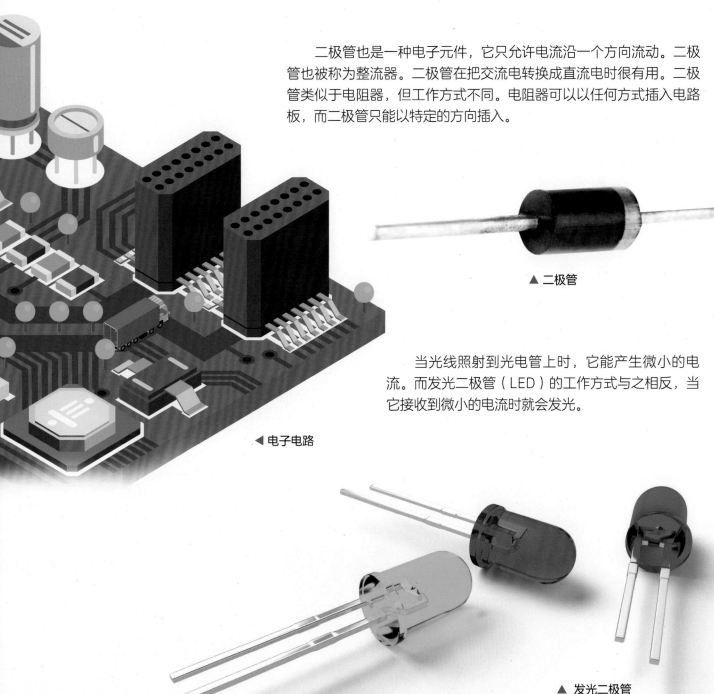

▲ 二极管

当光线照射到光电管上时，它能产生微小的电流。而发光二极管（LED）的工作方式与之相反，当它接收到微小的电流时就会发光。

◀ 电子电路

▲ 发光二极管

发电

在世界各地，所有的家庭、工厂和公共场所都离不开电。现在，我们有多种发电方式，其中一些是高效且无污染的，而有一些效率较低，并对环境造成污染。

发电厂

发电厂使用蒸汽、水、风力或燃气涡轮机来驱动发电机。发电机是根据电磁感应原理来运转的。它将线圈切割磁力线运动所产生的能量转化为电流。发电机配有绝缘线圈和旋转电磁轴。每个线圈所产生的电流加起来形成一股强大的电流，这股电流通过电线被传播到各个建筑物。

化石燃料

数百万年前的植物和动物的尸体掩埋物经过缓慢演变，生成了煤、天然气和石油等化石燃料。这些化石燃料是电力的主要来源。然而，燃烧化石燃料会产生污染物并释放出二氧化碳。化石燃料是不可再生资源。

◀ 化石燃料

热力发电厂

火力发电厂利用热能发电。水被加热直到产生高温蒸汽，当蒸汽快速通过与发电机相连的涡轮时，使得涡轮叶片旋转，叶片旋转所产生的动能被转化为电能。

趣味知识

目前，全世界所消耗的能源有85%来自化石燃料。

▼ 发电厂

核电厂

核电厂利用铀和钚等放射性元素的原子裂变产生热量，进而产生蒸汽来发电。核电厂不像化石燃料那样需要大量的燃料。然而，使用核元素牵涉许多关于安全、健康和环境危害等问题，使得核能备受争议。

水力发电厂

水力发电是从河流高处或其他水库内引水，利用水的压力或流速冲击水轮机旋转，将水的势能和动能转变成机械能，然后通过水轮机带动发电机旋转，再将机械能转变成电能。

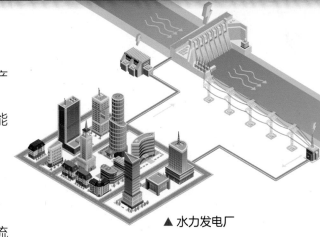

▲ 水力发电厂

▲ 风力发电厂

地热发电厂

间歇泉是一种天然的蒸汽源，可以用来发电，并且几乎没有污染。因此，从地热发电厂获得的热能，是取暖和发电的上好资源。

风力发电厂

风力发电是由风车的运动产生电能，不会造成污染。然而，风能在发电中不如水能那么有效。利用风力发电最有效的方法是使用一些大型风车或几个小型风车组成风车机组。地球上只有某些特殊的地方，才适合用风力发电。

燃料电池

燃料电池是一种把燃料所具有的化学能直接转换成电能的化学装置，又称电化学发电器。航天飞机通常由燃料电池提供动力，燃料电池将氢和氧不断地结合起来，产生电和水。燃料电池本身的制造和使用有一定的难度，因此它不能制作成大型装置，提供大量电源。

太阳能

太阳能电池，也称为光伏电池，由一系列连接在一起的电池组成，利用阳光照射时所获得的热能产生电能。太阳能是无污染的，而且是可持续资源。虽然太阳能板价格昂贵，并且不是所有照射到电池板上的阳光都能转化为电能，但太阳能发电依然是一个有吸引力的选择。

▼ 太阳能板

家用电器

每天，我们都需要用电来运行家用电器。原子内的自由电子朝同一个方向运动产生电能，电能通过各种电器转化为热能、光能或机械能。正是在电和磁的共同作用下，电器才能正常运行。

▲ 电扇

▲ 洗衣机

通用电动机

所有电器都有一个共同点，那就是它们必须由电池或接入电源供电。此外，大多数电器的运行需要依靠电动机。电动机是一种由电线、磁铁和转轴组成的装置。

接通电源后，电线中的电子聚集起来，带电线圈和磁铁一起变成了电磁铁使电动机旋转。吸引力和排斥力排使转子绕组不停地旋转。这样，电动机便能将接收到电能转化为各种动能，为各种机械提供动力。

风扇、洗衣机和其他类似的电器是通过轮子或扇叶的旋转来工作的。这种旋转运动由连接电源的旋转电机驱动。食品加工机和搅拌机的工作方式也类似。它们由附在电机轴上的旋转叶片提供动力。吸尘器也使用电动机将电能转换成机械能。吸尘器有进气口、过滤器和排气口，电动机的旋转装置可以产生吸力，吸入污垢和灰尘。

▲ 吸尘器

▲ 电动机各部件

电加热设备

当电流通过电线时，电线本身也会变热。这是因为电子撞击电线中金属原子的运动会产生热量。运动的能量以热的形式释放出来。为了让电子尽可能在不消耗热量的情况下能够轻松流动，人们通常使用铜来制作电线。

然而，在需要产生热量的电器中，比如吹风机或烤面包机，电线是由镍铬合金制成的。当电子通过这种合金时，会产生大量的热量。这是因为电子碰撞到镍和铬原子，比碰撞到铜原子更频繁，并且不断释放出热量。

▲ 面包机

发电机

发电机与电动机的工作原理几乎相反。电动机以电能为输入，以热能或机械能为输出。而发电机却是使用其他能量来驱动，最终产生电能作为输出。燃气发电机装有一台汽油发动机，可以使转动轴运转，并将机械能转化为电能。

有一种发电机，通过踩踏踏板将机械能转化为电能，为电灯供电。小型风车配置的发电机可以将叶片转动的机械能转化为电能。

▲ 发电机

安全

因为电流很危险，所以操作电器的时候必须小心。那些反复引起保险丝熔断的电器必须修理或更换。被磨损或有裂缝的电线也必须更换。电源插座不应同时运行过多的电器。水电不能混用，电器要远离水源，开关和插头不能用湿手去碰触。

趣味知识

直流电主要用于电池式电器，如修剪机，而常见的电源插座是以交流电工作的。

▲ 家用电器需要小心操作

磁性

磁性是某些物质表现出来的一种物理现象，这些物质能够产生磁场并吸引或排斥其他类似物质。

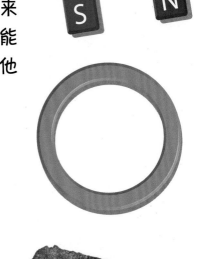

▲ 磁铁类型

▲ 指南针

▲ 磁铁矿

▶ 条形磁铁

磁的研究历史

磁性材料是一项古老的发现。古希腊人和古罗马人用一种富含铁的物质——磁石来吸引铁屑。古代中国人甚至用磁铁发明了罗盘，并用罗盘来察看风水。这些罗盘后来还被用来导航。

13世纪，法国学者佩特鲁斯·佩里格里努斯成为最早详细研究磁学和描述磁体性质的人之一。之后，英国医生威廉·吉尔伯特分析了磁铁的表现形式，并第一个提出地球就像一个巨大的磁铁。接下来的几十年里，更多学者和科学家对磁进行研究，使人们更好地理解了磁性的成因及其与电的关系。

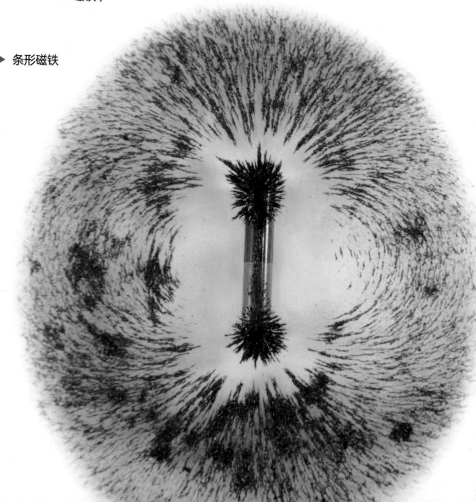

磁铁的特性

磁铁通常有两极：北极和南极。

北极吸引南极，排斥另一个磁铁的北极。换句话说，相同的极相互排斥，不同的极相互吸引。

磁铁的周围会产生一个无形的吸引或排斥区域，这就是它的磁场。

磁铁的北极指向地球的北极。这是因为地球本身就像一块巨大的磁铁。

切割磁铁不会改变其南北极。你只是得到两个磁铁，它们有各自的南北极。

加热磁铁会使它失去部分或全部的磁性。

磁铁放在磁性材料上，如铁钉或镍片，会使磁性材料也变成磁铁。这种现象被称为磁化。

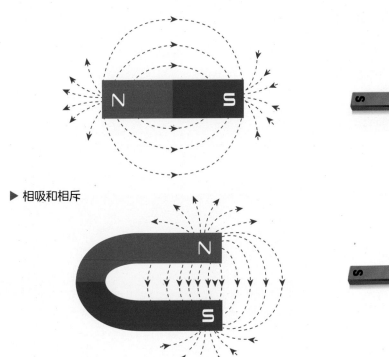

▶ 相吸和相斥

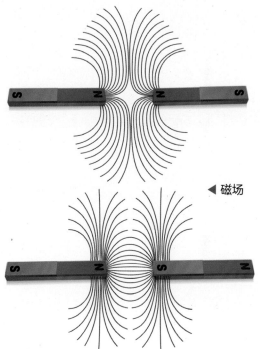

◀ 磁场

磁性的原理

早在对原子和亚原子粒子有详细的了解之前，人们就已经提出磁畴理论来解释磁性原理。所谓磁畴，是指铁磁体材料中有很多小型磁化区域，每个区域内部包含大量原子，这些原子的磁矩都像一个个小磁铁那样整齐排列。当磁畴随意排列时，就没有磁性。但当这些磁畴以同样的方式排列时，就会产生一个整体磁场。当铁棒与磁铁摩擦时，铁棒会被磁化，所有原本随意排列的磁畴都会排列整齐，这样它们就指向同一个方向。

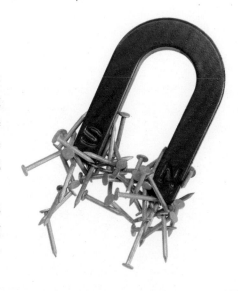

后来，人们发现磁性的真实原理是在构成磁性材料的原子内部。更准确地说，磁性是电子快速旋转的结果。由于电子是带电粒子，它们的运动产生了磁性。每个电子都会产生一个微小的磁场。磁性物质中所有这些磁场的总和赋予了它的磁性。

磁场

在磁性材料或移动电荷的周围区域，可以吸引或排斥附近的其他磁铁或电荷，这个区域被称为磁场。

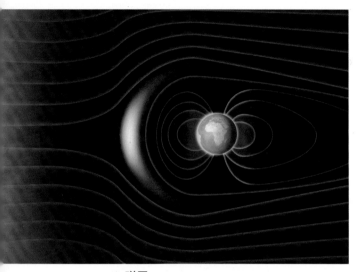

▲ 磁层

地球就像一块磁铁

罗盘的指针永远指向北方。在长达几个世纪的时间里，虽然人们一直知道这个现象，但没有人知道确切的原因。1600年，英国学者威廉·吉尔伯特提出了一种解释。

他的著作《德马格涅特》，不仅是第一本用英语出版的科学书籍之一，也是第一本将地球描述为一块巨大磁铁的书。后来的科学分析确实证实了地球起到了磁铁的作用，还是因为地球的熔岩中富含磁性物质——铁。地球的磁场就像一块条形磁铁的磁场，向外太空延伸数万公里。这个区域被称为磁层。

磁层非常重要，它可以保护地球免受来自太阳和外层空间的宇宙射线、紫外线辐射和高电荷粒子的伤害。没有磁层存在的话，地球大气层和臭氧层就会流失。

地球磁场从地球内部一直延伸到太空，也被称为地磁场。该磁场是由地球外核铁水运动和地核热量逸出所产生的电流产生的。

地球的南北磁极虽然位于地理两极附近，但在不同的地质时间其具体指向也有所不同。由于变化非常缓慢，指南针依然可以精确地导航。每隔几十万年，地球磁场就可能会发生一次完全反转。

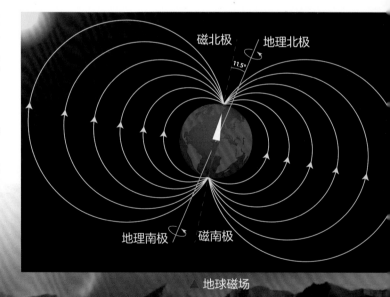

地球磁场

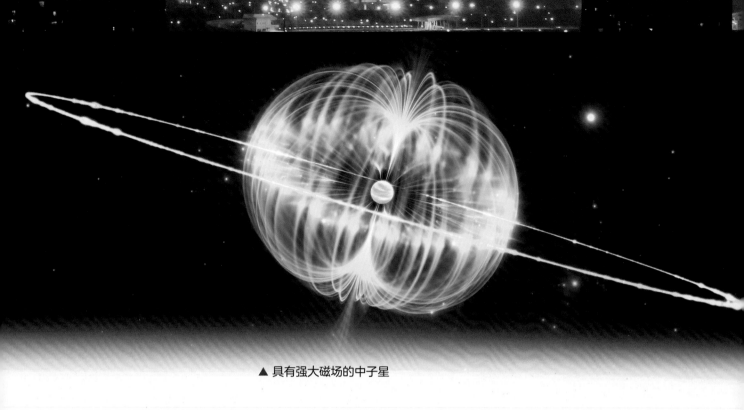

▲ 具有强大磁场的中子星

磁场强度

距离磁铁越近，磁铁的磁场强度就越强；距离越远，磁场强度越小。磁场强度是以特斯拉和高斯为单位测量的，这两个单位名称是以两位科学家的名字命名的。

尽管地球就像一块巨大的磁铁，但它的磁场却比较微弱。事实上，地球的磁场是普通条形磁铁的100～1000倍。地球上最大的实验室磁铁的强度比地球磁场强度高90万倍！

太阳的磁场比地球强很多，木星、土星、天王星和海王星的磁场也比地球强。然而，水星、金星和火星的磁场比地球弱。月球没有任何磁场。

中子星很小，但密度很高，是大恒星塌核后形成的一种介于白矮星和黑洞之间的星体。它们拥有宇宙中已知的最强磁场，范围在10^4～10^{11}特斯拉之间。为了便于比较，实验室所能产生的最高磁场强度是16特斯拉，足可见中子星的磁场有多强。

趣味知识

北极光和南极光是由于太阳风中的带电粒子与地球磁场相互作用而形成的。

磁性物质

磁铁不仅可以做成有趣的玩物和实验用品，而且还是我们每天使用的电器的重要组成部分。不同的材料表现出不同程度的磁性。

▲ 磁铁

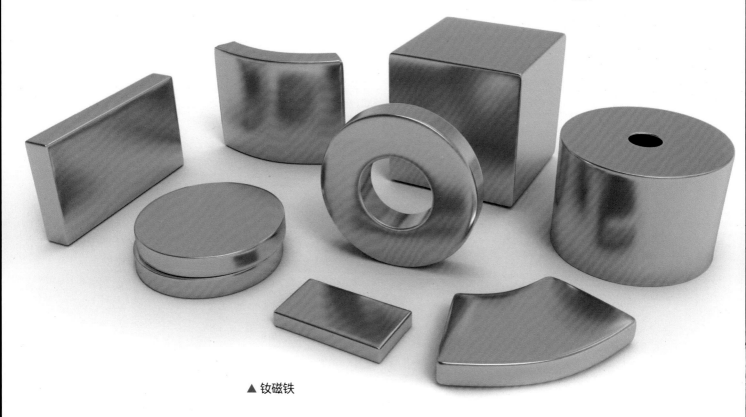

▲ 钕磁铁

磁性材料和非磁性材料

说到磁铁，我们首先想到的金属是铁。铁具有很强的磁性。元素周期表中其他同样具有磁性的元素包括一些稀土金属，如镍、钴、钐和钕。

铁氧体是由铁、氧和其他元素组成的化合物，具有良好的磁性。人们很熟悉的磁铁矿，是一种天然存在的铁氧体化合物，在古代，人们早就发现并使用这种化合物。

其他金属如铜、铝、金和银不具有磁性。木材、橡胶、塑料、混凝土、纸张、玻璃、羊毛和布纤维等材料也不具有磁性。

▲ 磁性材料

磁性材料的性能

即使铁具有很强的磁性，它也只能用作临时磁铁，因为只有当磁铁靠近铁物体时，它才会显示磁性，这种材料被称为"软磁材料"

而另一些材料，例如铁合金和稀土金属，即使从磁铁的磁场中移除，也能保持其磁性，这些材料被称为"硬磁材料"。材料被磁化的程度称为磁化率。

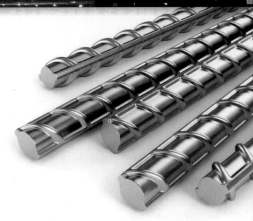

▲ 钢筋

磁性材料的类型

地球上所有已知的物质根据其磁性可分为三类：顺磁材料、铁磁材料和抗磁材料。

顺磁材料：当某些物质被悬挂在一根线上时，它能使自己磁化并与地球磁场方向保持一致，这种物质称为顺磁材料。某些金属如铝，以及许多非金属都是顺磁材料。它们所表现出的磁性很弱，几乎可以忽略不计。顺磁材料受温度的影响，当它接收的热量越多时，温度越高，它对靠近它的磁铁的反应就越弱。

铁磁材料：铁和其他一些材料，如稀土金属，在磁场的作用下会被强烈磁化，即使在磁场消失后也能保持磁性，这种材料被称为铁磁材料。"铁磁"这个词的意思是"像铁一样有磁性"。铁磁材料被加热到一定温度以上就会失去磁性。这个温度是可变的，称为居里温度。例如，铁的居里温度为770℃，而镍的居里温度为800℃。将铁磁材料加热到居里温度以上或反复撞击会减弱或破坏其铁磁性。

▲ 聚苯乙烯泡沫是一种抗磁材料

抗磁材料：铁磁材料和顺磁材料对磁性有积极的反应，但有一些材料却对磁场的磁性有抵抗性。这种材料被称为抗磁材料。水和许多碳化合物就是抗磁材料。当一种抗磁材料被悬挂在一根线上时，它将与地球磁场成180度角。

趣味知识

硬磁材料是很好的永磁体。

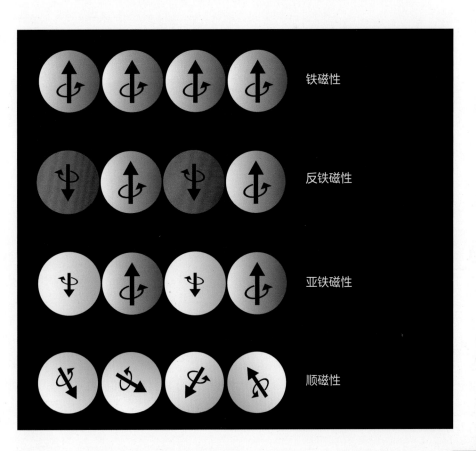

磁悬浮

利用磁场来悬浮或提升金属物体的方法被称为磁悬浮。在这个过程中，悬浮物体只受磁场的支撑。这种技术有时也被称为"电磁悬浮"。

重量

磁力

磁悬浮原理

在磁悬浮中，电磁力被用来抵消重力。然而，悬浮并不是只通过一个简单的电磁场就能实现的。为了实现悬浮并且保证安全，还要用到超导体。超导体是一种能够抵抗磁场的抗磁材料。这种磁悬浮方法也被称为"电动推进"。

磁悬浮列车

目前，由于机场拥挤，航班延误频繁，人们需要从一个地方到另一个地方去的时候，除了考虑飞机航班，还会寻找别的选择。但以目前已有的交通方式来看，除了飞机以外的所有其他交通工具还是太慢。科学家们设计了一种新的革命性交通工具——磁悬浮列车。一些国家已经开发出了高速磁悬浮列车，使用强大的电磁铁进行操作。

磁悬浮列车被设计成悬浮在轨道上方，只通过磁力推进前往目的地。由于列车与轨道没有直接接触，所以除了车厢与空气之间有一点摩擦力，整个列车没有受到其他摩擦力影响。因此，磁悬浮列车可以以非常高的速度行驶，最高速度可达每小时500至650千米。除此之外，这些列车可以在低噪音水平下运行，并且只消耗相对较少的能量。

◀ 磁悬浮列车

磁悬浮列车与传统列车

磁悬浮列车与传统列车在很多方面都有较大不同。传统列车所配备的发动机用于沿轨道牵引车厢，而磁悬浮列车没有配备发动机。磁悬浮列车使用的不是化石燃料，而是由轨道壁上的带电线圈所产生的电磁力提供动力，推动列车前进。

趣味知识

磁悬浮列车通常悬浮于轨道上方1至10厘米处。

磁悬浮列车的运行

磁悬浮列车的运行主要依靠三个部件：

大型电源，铁轨上的金属线圈，贴在火车下方的大磁铁。

磁悬浮列车沿着轨道运行时，轨道上的磁化线圈对贴在火车下的大磁铁产生排斥力。

一旦列车悬浮起来，它就会受到轨道壁上的线圈所产生的磁力影响，并接收能量。由于带电线圈的磁场作用，列车便沿着轨道推进。

提供给线圈的交流电不断变化，从而不断改变磁化线圈的极性。这种极性的变化使得列车前方的磁场持续引导列车前进。

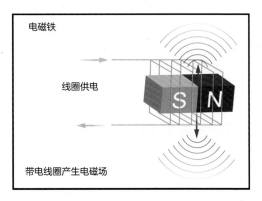
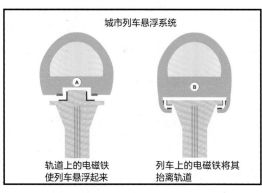
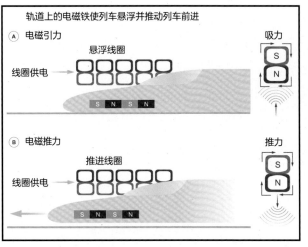
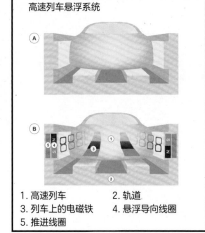

▲ 磁悬浮列车工作原理

电磁辐射

　　电磁辐射指的是一种遍布在我们周围的能量形式。电磁辐射不像声音或其他振动需要媒介来传播，它可以在没有任何媒介的条件下传播。它通过电场和磁场的组合振动来传递能量。

电磁辐射的发现

　　詹姆斯·克拉克·麦克斯韦是第一个提出电磁波存在的科学家。他不仅提出了描述电磁辐射的科学理论，而且推导出描述电场和磁场之间关系的方程组。麦克斯韦的理论后来被另一位科学家海因里希·赫兹成功地应用于证实电磁波的存在。

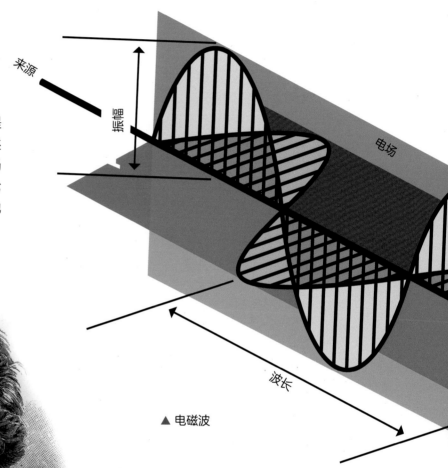

▲ 电磁波

▲ 詹姆斯·克拉克·麦克斯韦

电磁辐射的特性

　　电磁辐射是通过电场和磁场的组合振动来传递能量的。电磁辐射具有波粒二象性。当电磁辐射被当作波处理时，它具有速度、波长和频率等特性；当它作为粒子的时候，它的特性可以参考光子。

　　构成电磁波的电场和磁场沿着电磁波传播的方向相互垂直。电磁辐射通常以光速传播，有的物质可能会干扰其传播，如金属或水。

　　一般来说，电磁辐射按波长分为无线电波、微波、可见光（从紫外线到红外线）、X射线和高能伽马射线。

电磁辐射的分类基于三个主要特性：

能量：电磁辐射的能量代表它的强度，用电子伏特表示。在测量像X射线或伽马射线这样的高能辐射时，能量的计算非常重要。

波长：电磁辐射的波长是指电磁波在一个振动周期内传播的距离。波长对于描述波的形状和运动很有用。

频率：电磁波的频率是在单位时间内，波峰和波谷通过一个点的数量。

趣味知识

微波炉的运行原理，是利用电磁辐射引起某些分子振荡和升温的特性。

电磁波谱

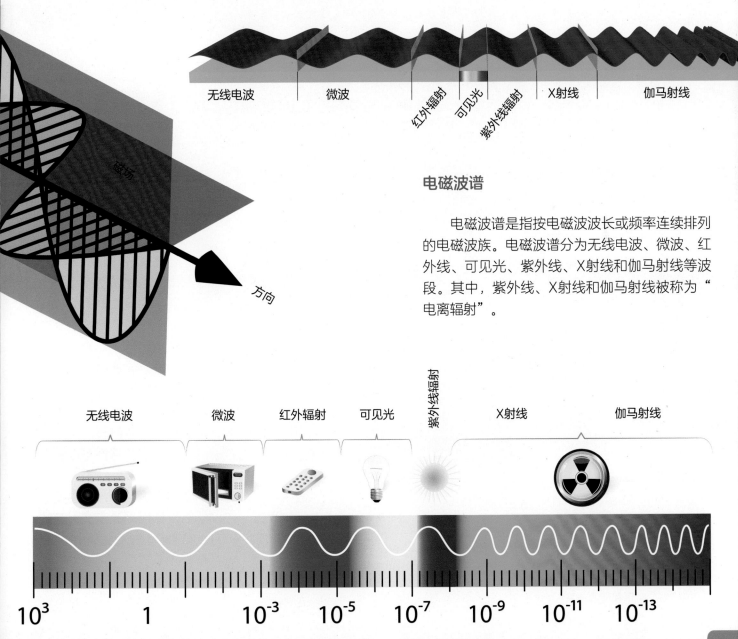

电磁波谱

电磁波谱是指按电磁波波长或频率连续排列的电磁波族。电磁波谱分为无线电波、微波、红外线、可见光、紫外线、X射线和伽马射线等波段。其中，紫外线、X射线和伽马射线被称为"电离辐射"。

电磁学

当电和磁之间的关系被确定后，就产生了一个新的研究分支，即电磁学。电磁学的研究成果被广泛应用于生活、医疗、工业、科学探索等领域。

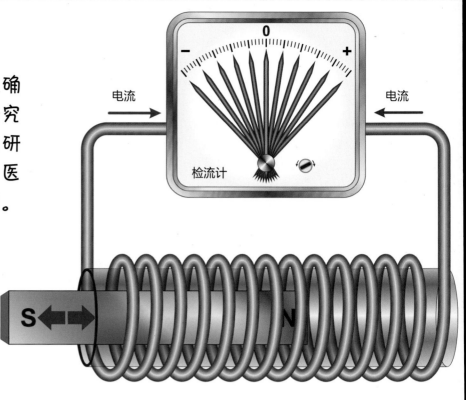

▶ 线圈中的磁铁和电流

电磁学的发现

1820年，汉斯·克里斯蒂安·奥斯特在一次演讲中偶然发现了电磁现象。在那之前他就曾提出电和磁有关联的可能性，最终他在学生面前用实验证明了这一点。他将一条金属导线悬挂于小磁针的上方，当电流通过时，磁针受到电流磁效应的作用而发生跳动。

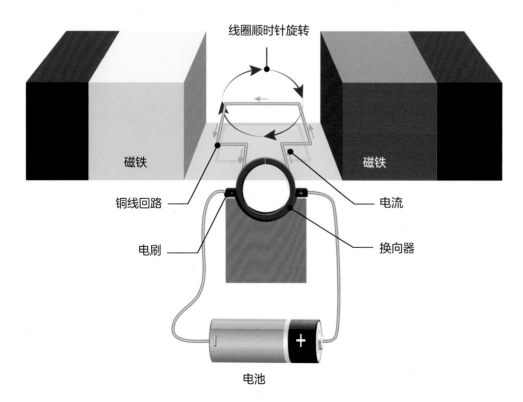

▲ 电和磁的关系

电流磁效应

电流经过导体材料时，在其周围会形成磁场。磁力线通常垂直于电流的方向。

将电线缠绕成紧密的线圈，可以增加电线所产生的磁场强度。电磁铁所产生的磁场力被称为磁通势。磁通势与通过电磁铁的电流和导线中线圈的数量成正比。

电流磁效应被广泛应用于研究、医疗、工业和日常生活。电磁铁最早的用途之一是为机械装置提供动力，将电能转化为机械能，例如电动机。

电磁感应

电线中的电流运动可以产生磁场，反过来，电线在磁场中运动也会产生电流。

弗莱明左手定则适用于电动机，而弗莱明的右手定则用于发电机。在判断发电机的电流方向时，磁场和导线通过该磁场的运动方向是已知的，这时需要用到右手定则。右手的三个手指互成直角，拇指代表导线的运动方向，食指代表磁场方向，中指代表感应电流方向。

▶ 发电机的电流方向可用弗莱明右手定则判断

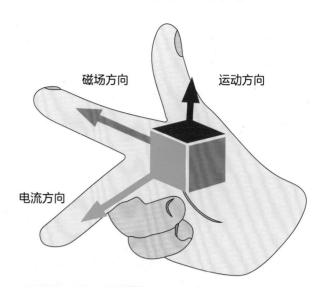

磁场方向　　运动方向

电流方向

▶ 核磁共振成像仪使用的是超导电磁铁

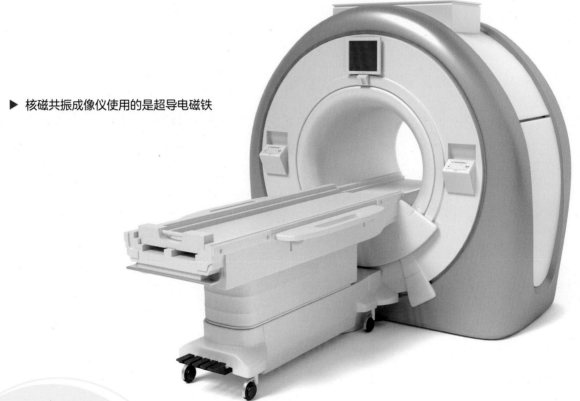

趣味知识

MRI（核磁共振成像）比X光或CT扫描更安全，因为它不会释放出有害的电磁辐射。

电磁铁的应用根据目的不同可以分为以下三种类型：

电阻电磁铁：使用铜线或铜板来产生磁场。把金属丝绕在一块金属上，磁场就可以集中起来。

超导电磁铁：这种电磁铁通过降低电阻来工作。它可以在非常低的温度下工作，而且即使在电源关闭后也能继续工作。

混合电磁铁：这种电磁铁由电阻电磁铁和超导电磁铁组合而成。

电磁铁

科学家们早已经证实了电和磁是运行于宇宙中的基本力量之一。电磁力与电、磁和光有关。从早期在实验室的电磁演示开始，发展到今天，电磁力的应用在我们使用的家用电器和工业装备中最为常见。

▶汉斯·克里斯蒂安·奥斯特

历史

电磁铁是在丹麦科学家汉斯·克里斯蒂安·奥斯特关于电磁的研究有了突破性发现之后发明的。当电池被接通时，电流使磁针发生偏转，由此他提出了电流所产生的磁场朝四面八方辐射的观点。

奥斯特发表了他的发现，并用数学方法证明了流过导线的电流产生磁场。大约四年后，英国科学家威廉·斯特金发明了第一个电磁铁。

斯特金将一块马蹄形的铁，用铜线紧紧地缠绕起来。当电流通过导线时，它会吸引其他的铁屑；但当电流供应被切断时，它就失去了磁化性能。按照现代标准，斯特金设计的电磁铁太弱，无法用于任何实际用途。不过，它重约200克，能够举起0.45千克的重物。

在20世纪30年代，美国科学家约瑟夫·亨利对电磁铁的基本设计进行了许多改进，以提高电磁铁的效率。他在一根铁芯上绕了几千圈电线，这使得他的电磁铁非常有效，能够举起和支撑起约900千克的重物。约瑟夫·亨利革命性的优化设计使电磁铁的应用开始普及，并为电磁感应后来在科学、工业等实际应用中的创新铺平了道路。

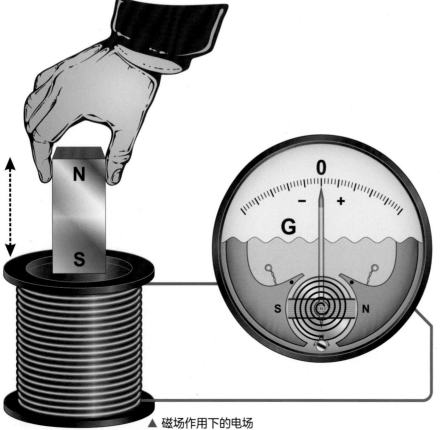

▲ 磁场作用下的电场

电磁铁的工作原理

电磁铁本质上就是一根电线，当电流通过它时，它能产生一个强磁场。所有导电材料和载流电线都会产生磁场，但电磁铁经过专门设计，能最大限度地提高磁场强度。

在家里我们可以用一枚铁钉和一段铜线来制作电磁铁：用铜线把铁钉紧紧地缠绕起来，形成许多线圈，然后把铁钉两端连接到一个电池上，就制作出了一个简单的电磁铁。这种"电磁铁"只能够吸引曲别针或铁屑。

永磁体和电磁铁

永磁铁有固定的北极和南极，不能人为进行改变。而在电磁铁中，只要改变线圈的电流方向，就可以改变电磁铁的南北极性。永磁铁的磁场强度也是不能改变的。但电磁铁的磁场强度可以通过改变线圈的电流大小或增减线圈的数量来改变。

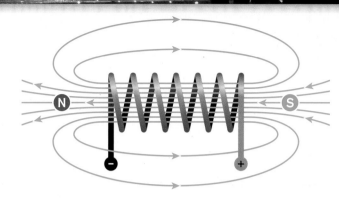

▲ 电磁学

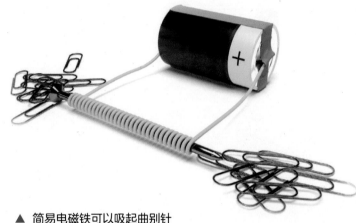

▲ 简易电磁铁可以吸起曲别针

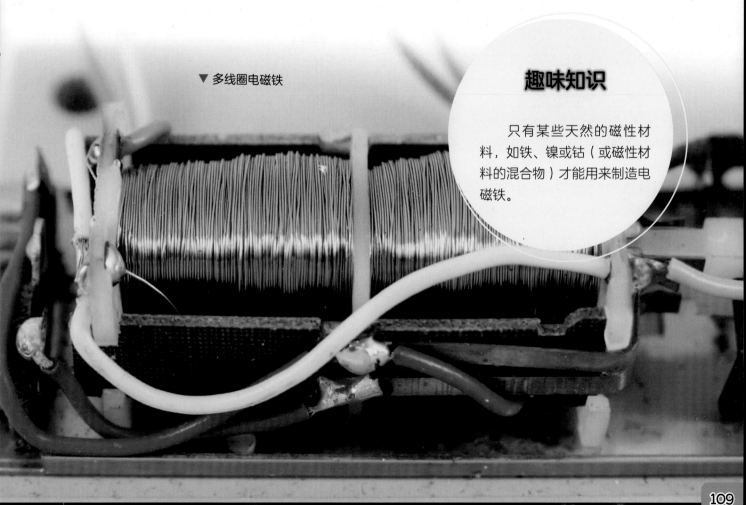

▼ 多线圈电磁铁

趣味知识

只有某些天然的磁性材料，如铁、镍或钴（或磁性材料的混合物）才能用来制造电磁铁。

电磁铁与电磁辐射的应用

电磁铁和电磁辐射有许多实际用途。如今，很多日常应用和研究很大程度上依赖于电磁铁或电磁辐射的直接或间接使用。

▼ 大型强子对撞机

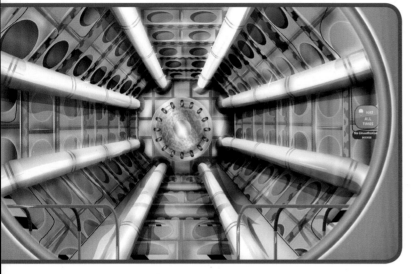

电磁铁的应用

从微小的电子元件到大型工业机器，电磁铁有许多重要的应用。此外，电磁铁在许多科学领域的研究和实验中也多有应用。相比传统的磁铁，电磁铁有一个优点，那就是它们可以通过打开或关闭电源来进行自由控制。

1. 螺线管是一种电磁铁，多用于弹球机、点阵打印机和彩弹笔。这些设备都要求能够精确地应用和控制磁性，才能使某些部件进行有组织的运转。

2. 超导电磁铁用于科学和研究设备中，如核磁共振（NMR）光谱仪、质谱仪和粒子加速器。大型强子对撞机（LHC）实际上就是一个大型质量粒子加速器。

3. 电磁铁可用于音乐和音响设备，包括扬声器、耳机和电铃等，磁带录音机就是以磁记录的方式存储数据。

4. 电磁铁也用于多媒体和娱乐行业，例如数据记录器和硬盘等设备。

5. 执行电动机是用于将电能转换为机械能的电机，并使用电磁铁来实现。

6. 变压器的作用是增大或减小沿电线传输的交流电的电压，其原理是电磁感应。

7. 电磁炉是利用电磁铁产生热量来加热和烹饪食物的。

8. 从垃圾场的废料中分选铁磁性材料的磁选机也是应用电磁学原理来设计的。

9. 用于医学成像和诊断的核磁共振成像仪也使用了电磁铁。

趣味知识

电磁铁的磁场强度可以通过改变线圈的电流大小或增减线圈的数量来改变。

电磁辐射的应用

电磁辐射在我们的日常生活中起着重要作用。以下是电磁辐射在众多应用中的部分例子：

1.用于广播电台节目的电磁辐射以长波和短波两种无线电波的形式传播。

2.电磁辐射广泛地应用于电视、电话和无线信号传输的通信技术中。

3.电磁辐射在雷达（无线电探测）用于制导和遥感技术，以研究地球的特征。

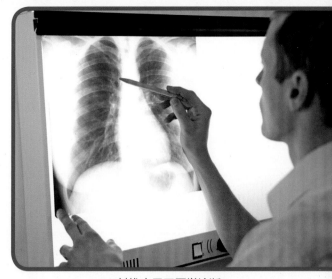

▲ X射线应用于医学诊断

4.紫外线辐射用于杀菌，可以杀死微生物和细菌。它也被用来检测伪钞。

5.X射线可以穿透肌肉，用来检测体内是否骨折或关节脱位，还可用于普通的医学诊断。

6.伽马射线是高能带电粒子束，人接触后会致癌。然而，当以适量的水平使用时，它们有助于杀死癌细胞。

7.红外辐射被用于夜视设备和安全摄像头，被世界各地的军队广泛使用。

8.微波炉用于加热和烹饪。微波技术也用于卫星信号，因为微波辐射能够穿过云层和大气层。

▲ 微波炉

◀卫星地面接收站捕获无线电波信号